花暦《はなごよみ》

INTERVIEW WITH PLANTS

瀬尾英男・文

齋藤圭吾・写真

京阪神エルマガジン社

はじめに

本書は、一年を二十四節気《にじゅうしせっき》で区切り、各期間（約十五日ずつ）に花期を迎える植物を擬人化、インタビューすることで、その生き方に迫るものです。また、植物との問答の前置きとして、二十四節気、七十二候《しちじゅうにこう》の名称と解説、そして折々の歳時記を添えました。二十四節気、七十二候のほか、旧暦、新暦、節句、雑節《ざっせつ》などの言葉も登場するため、まずはそれらの話を簡単に。

旧暦と新暦

本書で言う旧暦とは、明治六年（一八七三）の改暦以前、日本で使われていた太陰太陽暦《たいいんたいようれき》を指す。これは新月が満月を経て、再び新月となるまでの周期(二十九・五日)をひと月とする太陰暦と、地球が太陽の周りを一周する周期（三六五・二四日）を一年とする、太陽暦を合わせたもの。太陰暦では一年が三五四日となり、太陽暦より十一日少なくなるため、太陰太陽暦ではおよそ十九年に七回の割合で閏月《うるうづき》を設け、一年を十三カ月として季節とのずれを調整していた。

新暦は、現行のグレゴリオ暦を指す。これは地球から見た太陽の動きと月日のずれができるだけ少なくなるように作られており、旧暦の日付とは平均して一カ月程度のずれがある。

二十四節気と七十二候

太陰太陽暦で生じる、季節感のずれを補うために用いられたのが二十四節気。これは太陽の動きをもとに、一年を二十四等分した暦。「立春」を皮切りに、約半月ごとに季節が移ろい、「大寒《だいかん》」で締めくくられる。ただし、二十四節気は古代中国における黄河の中・下流域で考案されたため、日本の実際の気候とはすこしずれることもある。

そして二十四節気をさらに三等分したのが、七十二候。「東風解氷《はるかぜこおりをとく》」から始まって、「玄鳥至《つばめきたる》」「梅子黄《うめのみきばむ》」など、折節の自然現象にちなんだ言葉で表され、各々の期間は約五日。七十二候も中国から伝来したが、こちらは日本の風土に合わせた「本朝七十二候」が江戸時代に改編された。なお本書における七十二候の漢字・仮名表記は、明治七年（一八七四）刊行の『略本暦《りゃくほんれき》』をもとにし、日付は二〇一八年二月から二〇一九年一月までの七十二候の月日を目安とする。

節句と雑節

節句は、年間の節目にあたる式日《しきじつ》。特に五節句と呼ばれるのは、一月七日の人日《じんじつ》、三月三日の上巳《じょうし》、五月五日の端午《たんご》、七月七日の七夕《たなばた》、九月九日の重陽《ちょうよう》の節句。

雑節は、二十四節気以外で、季節の変化の目安とする特定の日の総称。日本独自の暦日《れきじつ》で、梅雨入りの目安となる「入梅《にゅうばい》」や、台風への注意を促す「二百十日《にひゃくとおか》」など、農漁業を行う上での指針ともなる。

目次

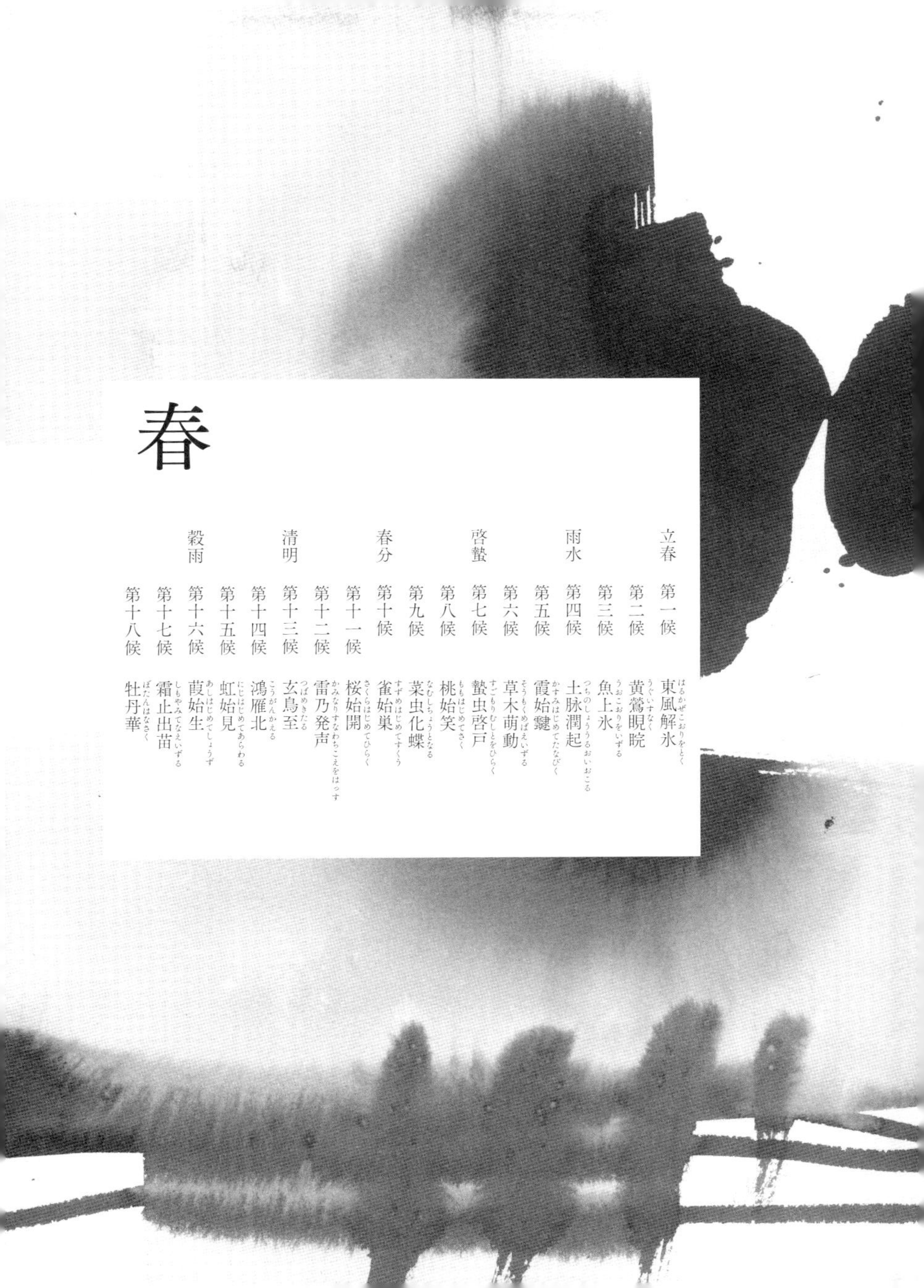

春

立春	第一候	東風解氷《はるかぜこおりをとく》
	第二候	黄鶯睍睆《うぐいすなく》
	第三候	魚上氷《うおこおりをいずる》
雨水	第四候	土脉潤起《つちのしょううるおいおこる》
	第五候	霞始靆《かすみはじめてたなびく》
	第六候	草木萌動《そうもくめばえいずる》
啓蟄	第七候	蟄虫啓戸《すごもりむしとをひらく》
	第八候	桃始笑《ももはじめてさく》
	第九候	菜虫化蝶《なむしちょうとなる》
春分	第十候	雀始巣《すずめはじめてすくう》
	第十一候	桜始開《さくらはじめてひらく》
	第十二候	雷乃発声《かみなりすなわちこえをはっす》
清明	第十三候	玄鳥至《つばめきたる》
	第十四候	鴻雁北《こうがんかえる》
	第十五候	虹始見《にじはじめてあらわる》
穀雨	第十六候	葭始生《あしはじめてしょうず》
	第十七候	霜止出苗《しもやみてなえいずる》
	第十八候	牡丹華《ぼたんはなさく》

立春《りっしゅん》

寒さも峠を越え、春の兆しがすこしずつ感じられる頃。
二十四節気における春最初の節で、
新暦では二月四日頃からの約十五日間にあたる。
旧暦ではこの頃が年初となり、雑節の「八十八夜」や
「二百十日《にひゃくとおか》」は、この期間の一日目から数えるのがならわし。

この時季を、七十二候で表すと――

《第一候》
東風解氷《はるかぜこおりをとく》　二月四日～八日頃
東風《こち》とも呼ばれる、暖かい春風が凍った水や土を解かす頃。

《第二候》
黄鶯睍睆《うぐいすなく》　二月九日～十三日頃
ウグイスが美しい音色で鳴き、山里に春の訪れを知らせる頃。

《第三候》
魚上氷《うおこおりをいずる》　二月十四日～十八日頃
気温が上がり、割れた氷から魚が跳ねて顔を出す頃。

この時季の花
フクジュソウ

《季節の行事》
【初午《はつうま》】
二月最初の午の日は、初午。京都・伏見稲荷の祭神が、稲荷山に降りたのが和銅四年（七一一）の二月初午の日だったことに由来して、全国の稲荷神社で祭礼が行われる。この日、稲荷社に参詣することを、「初午詣《はつうままもうで》」と呼ぶ。
古典落語の『明烏《あけがらす》』は、この初午詣を口実に、町内の札付き二人が、商家の堅物《かたぶつ》の若旦那を誘い出し、吉原へお連れする珍道中を描いた滑稽噺《こっけいばなし》。
また江戸時代、この日を機に、手習いの師匠（寺子屋）に弟子入りする子供が多かった。岡本綺堂の『江戸に就ての話』によれば、弟子入りの年齢は大抵七歳頃で、一度弟子入りすれば、師弟は原則として一生関わり合いを持ったそう。

遅刻する女。

一年で最も寒い時を経て、立春を迎えたこの季節。山里では春告鳥《はるつげどり》のウグイスが鳴き始め、水辺では氷の割れ目に魚が跳ねる。そんな時候に花開くのは、元日草とも称されるフクジュソウだ。

「日ごと日脚《ひあし》が伸びること。あたしもこうして咲いて、春はすぐそこ」

——元日草とも謳《うた》われるのに、あなた二月に咲くんですか？

「あら、あなたお口にトゲがあるじゃない。遅刻だとおっしゃりたいの？」

——大幅な遅刻じゃないかと。

「これだから若人《わこうど》は。あたし、江戸の頃からその名で通っていますのよ？」

——と、おっしゃいますと？

「江戸の世は旧暦でしょう。旧暦では、立春がお正月の頃にあたるんです」

——そうか、今とはひと月程度ずれるのか。では江戸時代は、元日頃に？

「咲きました。今の暦じゃ、あたし遅刻なのかもしれないけれど」

——なるほど、そういうからくりか。でもこの時季は花が少ないから、虫もあなたの開花を待ちわびたのでは？

「とはいえ、あたし蜜は与えませんの」

——どうして？

「花に蜜がないもので」

——えっ。花って普通、蜜で虫を誘って花粉を運ばせるのでは？

「さりとて、無い袖は振れませんでしょ。ですからあたし、別の手を」

——別の手？

「虫の体を温めて差し上げるんです」

フクジュソウは、お椀形の花に太陽の

【事始《ことはじ》め・事納《ことおさ》め】

二月八日は、農事を始める事始め。一方で、正月の行事を終える事納めの日でもある。これに対して、十二月八日は農事を終える事納め。また、正月の準備を始める事始めとする地域もある。これらを総称して、「事八日《ことようか》」ともいう。

江戸時代、二月八日には、焼芋、ごぼう、にんじん、焼き豆腐、こんにゃく、豆などを入れた味噌汁を食べ、無病息災を祈った。これを「お事汁《ことじる》」と呼ぶ。

【針供養《はりくよう》】

事八日に合わせて、一年に一日、針を使う手を休め、折れたり古くなったりした針を豆腐やこんにゃくに刺して供養する日。関東では二月八日、関西や九州などでは十二月八日に行われることが多い。

光を集め、花中の温度を高くする。快晴ならば、外気温より五度以上高くなることもあるという。それを知る虫は、暖を取ろうとこの花を訪れて、その結果、花粉を運ぶ役割を担うのだ。

――銭湯の入浴料みたいな話だな。

「虫たち『いやぁ極楽、極楽』って喜んでおりまして。彼らが多少、花粉を食べることにも目をつぶっておりますし。その上あたし、花中の温度が下がらぬように、花を日に向けて動かして、まめまめしくご奉仕を」

――追い焚きまでも？　しかし日光で花を温めるなら、曇りや雨の日は？

「花を閉じておくに限ります」

――そんな日こそ暖を取りたいのに。

「でも身を温めようと思って、飛び込んだ銭湯のお風呂が冷たかったら？」

――怒り狂うね。

「でしょ？　一度信頼を失えば、お客の足は遠のきましょう。曇りや雨なら、いっそ閉店するのが上策です。転ばぬ先の杖、という言葉もある通り」

かくしてフクジュソウは日のない時には花を閉じ、晴天の日中に限って虫をいざなう。新春を寿《ことほ》ぐ花も、それなりの事情を抱えて生きている。

キンポウゲ科。正月用に促成栽培された鉢植えが年末に出回り、「難を転じて福寿となす」の語呂に合わせて、ナンテンとともに飾られる。花や葉が日に向かう向日性があり、花は日が出て気温が上がると開く。

《季節の言葉》

【下萌《したもえ》】

早春の頃、枯れ草の下から、草の芽が萌え出ること。

春が深まり、萌え出た草が青々と伸びた様子は、「草青《くさあお》む」。また、春に出た若々しい新芽に対し、去年から残った古い葉の部分のことは「古草《ふるくさ》」と呼ぶ。

〈名句鑑賞〉

下萌や土の裂目の物の色

（太祇《たいぎ》）

《時候の挨拶用語》

【余寒《よかん》】

立春を過ぎ、寒（小寒から立春の前日まで）が明けた後の寒さを指して言う。

〈例〉

余寒のみぎり、お変わりなくお過ごしでしょうか。

雨水《うすい》

空から降るものが雪から雨に変わり、
積もった雪や氷は解けて、水になる頃。
新暦では二月十九日頃からの約十五日間にあたる。
寒さがすこしずつやわらいで、
三寒四温の言葉も聞かれ始める。

この時季を、七十二候で表すと——

《第四候》
土脉潤起《つちのしょううるおいおこる》　二月十九日～二十三日頃
早春の雨によって、大地が潤い始める頃。

《第五候》
霞始靆《かすみはじめてたなびく》　二月二十四日～二十八日頃
春の霞が、山野にたなびき始める頃。

《第六候》
草木萌動《そうもくめばえいずる》　三月一日～五日頃
春の訪れを感じ、草木が芽吹き始める頃。

この時季の花
ヒヤシンス

《節句》
【上巳《じょうし》】
三月三日は、上巳の節句。古代中国で旧暦三月の最初の巳《み》の日（上巳）を、節日《せちにち》（季節の変わり目などに祝祭を行う日）としたことから。のちに三月三日となって、日本にも伝わった。中国では水辺で心身を清めたり、酒を飲んで災厄をはらったりした行事で、日本の雛祭りの原型のひとつになった。

《季節の行事》
【雛祭り】
雛人形を飾って、女の子の健やかな成長を願う雛祭り。前述の上巳の節句が日本に伝わり、水で心身を清めた風習が、やがて紙製の小さな人形《ひとがた》を川へ流して穢《けが》れをはらう形に変化した。それが室町時代の頃、雛人形を飾る様式に更なる発展をしたといわれる。ちなみ

妬《や》かれる男。

木の芽が萌えて、猫も恋する早春の頃。爽やかな香りを振りまいて、咲き誇るのはヒヤシンスだ。球根を水に浸して育てる水栽培が容易なことでも、広く知られる花である。

「おかげで小学校の先生方も、長らく私のご贔屓筋《ひいきすじ》で」

――なるほど、水栽培の実験で。

「暖かな室内での水栽培なら、雛祭りの頃には咲いてご覧に入れましょう」

――観察が学期内に終わるよう？

「それが暗黙の要請であろうかと」

――案外、シビアな世界なんだな。

「納期の遅れは、お払い箱の入り口で」

――耳の痛い話だな。しかし花壇と水耕の両刀使いで開花も早く、引く手あまたじゃ、ほかの花に妬《ねた》まれそうな。

「妬み嫉《そね》みは浮世の習い。ですが私も腐心の結果、ご愛顧を得たのです。やっかみ、羨望およびジェラシー。これは努力不足の者がすることで」

――努力あっての愛顧である、と。

「ええ。なぜなら私が水栽培に対応できるのも、前年、土から球根に鋭意、養分を蓄えたため。春浅い頃に花が咲くのは、事前の支度が早いからです」

――支度が早い？

「冬の間に発芽して、冷気に当たることで花芽が育つ性分なので」

――手際がいいな。なぜ、そう早く？

「私の出自がそうさせるようでして」

夏場に強く乾燥する、地中海性気候地域の植物であるヒヤシンスは、冬に成長、春以降球根に養分を蓄えて、夏は休眠す

に紙製の人形を流す際は、人形で体をなでて心身の穢れを移し、息を吹きかけるのが作法だったとか。

華美な雛人形が飾られるようになったのは、江戸時代から。江戸や京、大坂の町では、二月末頃から雛市が立って賑わった。

白酒や菱餅をお供えするのは、室町時代から続く伝統。白酒は蒸したもち米と米麹に、みりんまたは焼酎を混ぜて三～四週間置き、すりつぶして作る。

【曲水《きょくすい》の宴《えん》】

ゆるやかに曲がって流れる川を庭園に造り、その上流から流される酒の入った杯が、自分の前を流れ過ぎる前に詩歌を詠むという風雅な行事。こちらも雛祭りと同様に、上巳の節句にまつわる風習として伝えられたもの。

る性質がある。そして秋から発芽の準備を始めるため、春になって発芽する植物よりも、早い開花が見込めるという。

――なるほど。その周期が小学校で好まれたのか。ところで、名前の由来は？

「昔、芸術の神・アポロンと西風の神・ゼピュロスに愛された、ヒュアキントスという美少年がおりまして」

――それはつまり、男色の三つどもえ？

「いうなれば。で、そのアポロンとヒュアキントスが睦まじく鉄輪投げに興じていると、ゼピュロスが嫉妬しまして。これが稀代《きたい》のジェラス・ガイ」

――面倒臭いな。

「まったくもって。そしてこれが怒りに任せて風を吹かすと、鉄輪が舞ってヒュアキントスの頭蓋《ずがい》を直撃、彼は絶命したのです。その血から生えた紫色の花が、私だと。当時、別の花がヒヤシンスと呼ばれていたとの説もありますが、いずれにしても、かの美少年が由来かと」

――神なのに、嫉妬が過ぎるな。

「ですが、神とて男。そして男の妬心《としん》こそ、実は根深く、怖いものです」

歴史ある、筋金入りの妬かれる男。その見目よい花は、この春も強い香りで人々の鼻をなでては、心を奪う。


ユリ科。地中海沿岸地域が原産の多年草。三～四月頃に開花。花の後には種子もできるが、実生《みしょう》（草花が種子から芽を出し、成長すること）では開花まで五年以上かかるため、主に球根で栽培される。園芸品種は花色も豊富。

《季節の言葉》
【猫の恋】
発情期を迎え、しきりに鳴く猫を指す言葉。三カ月周期とされる猫の恋の季節の中でも、春の季語として使う。
春先の猫の恋を表す季語はほかにもあって、「戯《たわ》れ猫」「浮かれ猫」「通う猫」「孕《はら》み猫」など。恋する猫も、それを表す人の言葉も千姿万態《せんしばんたい》。
〈名句鑑賞〉
順礼の宿とる軒《のき》や猫の恋
（蕪村）

《時候の挨拶用語》
【木《こ》の芽《め》冷え】
木々の新芽が萌える頃、急に冷え込むこと。
〈例〉
木の芽冷えの日々ですが、ご壮健にてお過ごしでしょうか。

啓蟄《けいちつ》

冬の間、土の中で巣ごもりしていた虫や蛇、カエルなどが陽気に誘われ、地中に顔を出し始める頃。
新暦では三月六日頃からの約十五日間にあたる。
咲く花の数も増え始め、日増しに寒さがやわらいでくる。

この時季を、七十二候で表すと――

《第七候》
蟄虫啓戸《すごもりむしとをひらく》　三月六日～十日頃
地中にこもっていた虫が、戸を開けて出てくる頃。

《第八候》
桃始笑《ももはじめてさく》　三月十一日～十五日頃
モモの花が咲き始める頃。

《第九候》
菜虫化蝶《なむしちょうとなる》　三月十六日～二十日頃
青虫が羽化して蝶となり、野を舞い始める頃。

この時季の花
アブラナ

《雑節》
【社日《しゃにち》】
雑節のひとつで、春分または秋分に最も近い戊《つちのえ》の日のこと。「社」は土地の神のことで、社日はそれをお祭りする日。春と秋の社日をそれぞれ春社《しゅんしゃ》、秋社《しゅうしゃ》とも呼ぶ。
春は五穀（米・麦・豆・粟・黍《きび》または稗《ひえ》）の種子を供えて豊作を祈り、秋は初穂を供えて、収穫のお礼詣りをするのがならわし。

《季節の行事》
【治聾酒《じろうしゅ》】
春の社日に飲む酒のこと。この日に酒を飲むと、耳がよく聞こえるようになるという言い伝えがあることから。この時に飲むべき酒の種類には、特定のものはないという。

【お水取《みずとり》】
三月十三日の未明に、東

薹《とう》の立った女。

春の日のぬくもりに、冬ごもりの虫たちが一斉に戸を開く、啓蟄の頃。そんな季節を彩るのは、菜の花だ。野原や畑を黄色く染めるその様は、日本の春の風物詩ともいうものだ。

「気持ちよく語ってらっしゃるさなかになんですけれど、菜の花なんていう花はなくてよ、あなた」

——えっ。そうなの？

「そうよ。菜の花とは、アブラナ科の複数の花を指す総称。あたし、図鑑にはアブラナの名で出ています」

——ふーん。で、その名の由来は？

「タネから菜種油《なたねあぶら》がとれるから。有用でしょう？　茎や花芽はおひたしにもされるわね。もっとも召し上がるなら、もっと若いつぼみのうちですけれど」

——もはや食べ頃は過ぎた、と。

「含みのある言い方をなさるのね」

——あ、いや。なんというか、薹が立ったというか。

「同じじゃないの。ちなみに薹とは花の茎のことで、薹が立つとは、野菜などの花茎《かけい》が伸びて硬くなり、食用に適さなくなることを指す言葉。転じて、それを人の齢になぞらえるのよ。薹が立った新人、とかね」

——なるほど、語源はここに。

「でも子を残せるのは青臭いつぼみではなく、あたしのごとくに熟れた花よね。見てご覧。あまねく虫があたしに焦がれ、やって来るのを」

——本当だ。アブやミツバチが続々と。

「あぁ、早くいらして。花粉を纏《まと》ったそ

大寺二月堂前の若狭井《わかさい》から湧き出る水を汲み、加持し、お香水《こうずい》とする儀式。このお香水をいただくと、病や厄を免れるとされ、多くの参詣人が訪れる。「お水取が過ぎると暖かくなる」ともいわれる、奈良に春を告げる行事。

《季節の味覚》

【草餅】

三月頃から出始める、ヨモギの新芽を入れてついた餅。このため、ヨモギには餅草の別名もある。ビタミン、ミネラルが豊富なヨモギで、冬に不足した栄養を補うこともできるというのが、先人の知恵。

《季節の言葉》

【初蝶《はっちょう》】

春になり、初めて目にする蝶のことで、春の季語。大抵はモンシロチョウや、モンキチョウなど、小形の蝶を指す。ちなみに、アゲの体で、あたしに飛び込んでこい」

――おっ。ミツバチに続いて、モンシロチョウもやって来たぞ。

「えっ？　それはダメ。来たらダメ。モンシロチョウは、あたし断る」

――どうして？

「無断で卵を産み付けて、青虫が孵《かえ》れば随意にこの葉を食《は》むからよ。いけ図々しい。おのれ、ここな害虫め」

――よし、じゃあ追い払ってやる。

「あら、ご親切に。でも結構よ。いずれ罰が当たりましょうから」

――罰？

「青虫を餌食にする蜂が来るのよ」

　モンシロチョウは、その幼虫がアブラナに含まれるシニグリンという物質を好むため、この草に産卵するという。一方、アブラナは青虫の食害を受けると、シニグリンを別の物質に変えて揮発《きはつ》させる。すると、これをある種の寄生蜂が察知して、飛んで来るのだ。

――その蜂が来たら、青虫は？

「体内に産卵されて、お陀仏《だぶつ》ね。残酷？　でも、蝶だけが増えていいという法はないでしょう。それが世の習いなの」

　蝶となる菜虫はさほど多からず。渡る世間の厳しさと自然の妙を、黄色い顔の春の女はそっと教える。


アブラナ科。春に咲く黄色い花が、菜の花とも呼ばれる。古くから栽培され、食用、採油用、観賞用など多くの品種がある。キャベツやダイコン、カブ、ハクサイなどもアブラナ科の植物で、よく似た十字形の花が咲く。


ハチョウなど夏によく見られる蝶は、「夏の蝶」という夏の季語で総称される。

　動植物の春の季語では、この時季に旬を迎える、貝の一味が幅をきかせて、「蛤《はまぐり》」「浅蜊《あさり》」「蜆《しじみ》」に「赤貝」、「馬蛤貝《まてがい》」「馬珂貝《ばかがい》」「栄螺《さざえ》」に「鳥貝《とりがい》」、「常節《とこぶし》」「田螺《たにし》」「桜貝」など、枚挙にいとまがない次第。


〈名句鑑賞〉

　初蝶や菜の花なくて淋しかろ（夏目漱石）

《時候の挨拶用語》
【水温《みずぬる》む】
　春の陽光によって、水の冷たさがゆるむこと。
〈例〉
　水温む季節となりましたが、お変わりございませんか。

春分《しゅんぶん》

太陽が真東から昇り、真西に沈むのが春分の日。
昼と夜の長さがほぼ同じになり、
二至二分《にしにぶん》（夏至・冬至・春分・秋分）のひとつとして、
二十四節気の中でも大きな節目とされる。
新暦では三月二十一日頃からの約十五日間にあたる。

この時季を、七十二候で表すと——

《第十候》
雀始巣《すずめはじめてすくう》　三月二十一日～二十五日頃
繁殖期を迎えたスズメが、巣を作り始める頃。

《第十一候》
桜始開《さくらはじめてひらく》　三月二十六日～三十日頃
サクラのつぼみが、ほころび始める頃。

《第十二候》
雷乃発声《かみなりすなわちこえをはっす》　三月三十一日～四月四日頃
空に春雷がとどろき始める頃。

この時季の花
サクラ

《雑節》
【彼岸《ひがん》】
春分の日を中日に、その前後三日ずつの七日間を指す。仏教ではこの世を此岸《しがん》、あの世を彼岸と呼び、この期間に彼岸会《ひがんえ》と称して、読経や法話などを行う。この風習は仏教国の中でも日本独自のものとされ、平安時代初期頃から朝廷で行われたそう。
墓参りを済ませたら、ご先祖様のお相伴にあずかって、ぼた餅を。春の彼岸に供えるのはぼた餅、秋の彼岸に供えるそれは、おはぎと呼ばれることが多い。前者は春のボタンの花に見立てたもので、後者は秋のハギの花に見立てたという説もあるが、諸説紛々。

《季節の行事》
【花見】
今も昔も春の楽しみといえば、花見。そして「花よ

先を急ぐ男。

　春分を迎え、昼夜の長さが等しくなる頃、麗《うら》らかな日ざしのもとで咲き誇るのはサクラの花だ。古来、句歌にも詠まれ、花見で愛でられてきた花である。

「いやどうも、咲くまで長らくお待たせいたしまして。ささ、どうぞこの花の下、昼から一杯グッとやっていただいて」

――太鼓持ちみたいな口調だな。

「なんせ年に一度の花見でございましょう。つとめて盛り上げていこうかと」

――確かに、この満艦飾《まんかんしょく》の花さえあれば、昼日中に飲むのも許される気が。

「それはもう、江戸時代から老若男女、貴賤を問わず楽しむのが花見ですから。ささ、もう一献」

――いやに勧めるな。なにか急ぐことでも？

「実はこの後、急いで北上しませんと、北国の方々が今や遅しとお待ちかねで」

――そうか、開花予想日があるからな。ということは、君はソメイヨシノか？

「ご明察。桜吹雪になる前に、とっくりご覧を。咲くまでの下準備は長いのに、晴れの舞台はあっという間で」

――ほう、準備に時間が？

「夏頃から、翌年の花芽を作りますので」

――それでは秋に咲きそうな気が。

「そこはうまくできていましてね。日が短くなると花芽は休眠、冬の寒さにあたると、その眠りが覚めるからくりで」

――寒さで目覚める？　それは極めて寝覚めが悪そうな。

「ですが、その過程なくしては」

――開花がままならない、と？


り団子」と言うように、花見弁当は一層の楽しみだ。

　江戸時代の『料理早指南』（一八〇一）から、豪華な花見弁当の記述を引くと、一の重には、かすてら玉子、わか鮎色付け焼き、早竹の子旨煮など。二の重は、蒸かれい、桜鯛、甘露梅など。三の重には、ひらめとさよりの刺身が詰められて、四の重は紅梅餅、かるかんなどの甘味で締められる。

　一方、貧乏長屋ご一行の花見を描いた落語の『長屋の花見』の弁当は、かまぼこの代わりに大根の漬物、玉子焼きの代わりにたくぁんが入り、酒の代わりに、番茶を薄めて飲む始末。

《季節の味覚》
【桜餅】
　桜の葉を塩漬けにして、餅を挟んだ桜餅。関東では小麦粉の生地を焼いたものが多く、関西ではもち米を加工した道明寺生地が主流。

「ご賢察。そして気温が上がればつぼみがふくらみ、晴れての開花宣言が」

——噂によれば、同じ地域に植えられたソメイヨシノは、一斉に花開くとか。

「気候条件が同じなら、ほぼ同時期に。なんせ我々、クローンですから」

ソメイヨシノはエドヒガンとオオシマザクラの種間雑種で、江戸時代末期に江戸染井村（現在の豊島区駒込）の植木屋が売り出したものとされている。これは優れた形質を守るため、挿《さ》し木《き》や接《つ》ぎ木《き》で増やされたため、遺伝的に同じ性質を持っている。ゆえに、ソメイヨシノは開花予想も立てやすくなるという。

——ちなみに、タネができることは？

「ほかのサクラの花粉がつけば、できなくもないですが、そこから芽生えたものは、姿形が異なりましょう」

——なるほど。ソメイヨシノを名乗るにも、厳しい決まりがあるわけか。

「人の世は、血筋を重視なさいますから」

——そしてその花の命は、ほんの数日。

「花は桜木、人は武士と申します。散り際は、いっそ潔くあろうかと」

駆け足で、各地の宴を盛り上げて回る千両役者。その花は席の温まる暇《いとま》もないまま、この春も桜吹雪と化して去る。

バラ科。春咲きのサクラの中でも、広く植えられるソメイヨシノは、サクラの開花調査に用いられる。なお、ソメイヨシノの生育に適さない沖縄や北海道の一部では、カンヒザクラやエゾヤマザクラで開花が観測される。

《季節の言葉》

【百千鳥《ももちどり》】

春、あまたの鳥が一斉に鳴き交わす様を指した季語。ほころんだ桜のつぼみの周辺で、ウグイス、シジュウカラ、ホオジロなどが鳴き競う様が想像される。

〈名句鑑賞〉

入り乱れ入り乱れつつ百千鳥（正岡子規）

《時候の挨拶用語》

【麗らか】

春光に包まれ、明るくのどかな様子。

〈例〉

春光麗らかな日和が続いておりますが、いかがお過ごしでしょうか。

清明《せいめい》

清浄明潔《せいじょうめいけつ》を略したものといわれ、
あらゆるものが清々しく、
明るく輝くような時季。
新暦では四月五日頃からの約十五日間にあたる。
暖かな陽気に包まれて、動植物の動きも活発に。

この時季を、七十二候で表すと――

《第十三候》
玄鳥至《つばめきたる》　四月五日～九日頃
南方から、夏鳥のツバメがやってくる頃。

《第十四候》
鴻雁北《こうがんかえる》　四月十日～十四日頃
日本で冬を過ごした冬鳥のガンが、北国へ飛び去る頃。

《第十五候》
虹始見《にじはじめてあらわる》　四月十五日～十九日頃
春雨で大気が潤い、空に虹がかかる頃。

この時季の花
チューリップ

《季節の行事》

【花祭《はなまつり》】

四月八日は、お釈迦様の誕生日を祝う花祭（灌仏会《かんぶつえ》、仏生会《ぶっしょうえ》とも）。寺の境内に花で飾った花御堂《はなみどう》を造り、その中に祭った誕生仏へ、ひしゃくで甘茶をかけるのがならわし。これはお釈迦様が生まれた時、龍が天上から甘露の雨を降らせたことに由来する。

甘茶はアジサイ科のアマチャの葉を煎じたもので、その花はガクアジサイによく似た器量よしだ。

【十三詣り《じゅうさんまいり》】

十三歳になる子供たちが、四月十三日に知恵と福を授かるために、虚空蔵菩薩に詣る行事。

京都・嵐山の法輪寺の十三詣りは特に有名で、起源は安永二年（一七七三）にさかのぼる。ここでは参詣の帰りに渡月橋を渡る際、

貢《みつ》がせる女。

夏鳥のツバメが日本を訪れて、冬鳥が北へ飛び去る、春のたけなわ。そんな時季に花開くのは、チューリップだ。十七世紀のオランダで人気が沸騰、投機目当てに球根が高値で争奪された花である。

「多額の現金、そして馬車。象牙で飾った家具に名画が、あたし欲しさに飛び交って。中には破産した方もいらしてよ。お気の毒ねぇ、おほほほほ」

――人に破産をさせて、ひどいじゃないか。反省したらどうなんだ。

「あらあなた、あたしをうんと責めるのね。ですけど熱にうかされたのは、人の方。あたしはただ、ありのままの自分でいただけよ。あぁ、あの人々のあたしへの賛美、傾倒。狂熱的な求め、憧れ。今、思い返しても、背筋がぞくぞくするようよ」

――ふーん。酔狂な輩《やから》もいたものだ。

「ちょっと、あなた。あたしがせっかく陶酔してるのに、冷や水を浴びせるような応接はよしてちょうだい。なんだか、はしごを外されたような気分だわ」

――でも十日もすれば花は散るのに、散財が過ぎるんじゃないかと。

「そのはかなさに投資してこその、ロマンじゃないの。無粋な男ね」

――ところで、球根で売られるのはなぜなんだ。タネはないのか？

「タネも当然、実るわよ。でもそれだと開花まで、ざっと五年はかかるのよ」

――五年？　それは長いな。

「しかもそうして咲いた花が、親の花ほどきれいではないことがままあるの。そ

後ろを振り向かないのが決まり事。振り向くと、せっかく授かった知恵がなくなってしまうとされる。

《季節の味覚》
【木《き》の芽田楽《めでんがく》】

長方形に切った豆腐を竹串に刺し、砂糖を加えた味噌を塗って炙るのが、調理法。江戸時代の風俗誌『守貞謾稿《もりさだまんこう》』（一八五三）によれば、京坂のレシピでは山椒の若芽と砂糖を白味噌にすり入れ、江戸では赤味噌に砂糖を入れ、山椒は出来上がった田楽の上に置いたという。

田楽とは、田植えなどの農耕儀礼で鼓笛を鳴らし、踊ったことに由来する言葉。やがてそれを専門職にした田楽法師が長い一本の竹馬に乗って踊り、その様が串刺しの豆腐に似ていたことから、この料理にも田楽の名がついたそう。

ういうわけで、あたし球根で育てられることが多いのよ」

チューリップの繁殖法は、種子と球根の二刀流。種子から苗が育つまでには時間がかかる一方で、球根は分裂して増え、例年きちんと花を咲かせる。また、その分裂した球根はいわば親株のクローンであるため、同じ姿の花が咲くという寸法だ。

「ですから、珍しい花を咲かせる球根が、高値で売買されたというわけよ」

――なるほど、そういうからくりだったのか。

「でもその球根を作るのも、あたしにとっては保険みたいなものなのよ。球根があれば、タネから育った苗がたとえ枯れても、家族としては滅びないでしょ。あたしは夏、乾燥しがちな土地の出だから、そんな備えが必要で」

――案外、堅実なんだな。で、その保険に人が目をつけたのか。

「そういうことよ。さぁ、人よ。この球根を買い求め、あたしの子孫を増やすがいいわ。おほほほほ。あぁ、愉快」

球根は今や安価であろうとも、人の手を得て見事、繁殖する女。その花は、今年も春の花壇に色味を添える。

ユリ科。十六世紀にオスマン朝で栽培が流行、品種改良が進んで欧州へ伝播した。日本では、大正期から本格的に栽培される。原生地は北アフリカから中央アジアまで、北緯四十度の一帯。十月頃に球根を植え、寒さに当てるとよく育つ。

《季節の言葉》

【落《おと》し角《づの》】

晩春に、オス鹿の角が根元から落ちる様子を表す季語で、「忘れ角《つの》」とも。角は夏以降、新たに形成されるが、角を失った鹿は、気弱になるとか。

一方、メスの鹿はこの時季、妊娠していることが多く、それを指す「孕《はら》み鹿《じか》」という季語もある。

〈名句鑑賞〉

角落ちてはづかしげなり山の鹿（一茶）

《時候の挨拶用語》

【春宵一刻値千金《しゅんしょういっこくあたいせんきん》】

春の宵は、値千金の素晴らしさだという意味。

〈例〉

春宵一刻値千金と申します。素敵な春の夜をお過ごしください。

穀雨《こくう》

あらゆる穀物を潤し、はぐくむ春雨が降る頃。
新暦では四月二十日頃からの約十五日間にあたる。
二十四節気では、穀雨までが春の時季。
夏の始まりを告げる八十八夜を経て、
季節は夏へと向かい始める。

この時季を、七十二候で表すと——

《第十六候》
葭始生《あしはじめてしょうず》　四月二十日〜二十四日頃
アシが水辺で、若芽を芽吹かせる頃。

《第十七候》
霜止出苗《しもやみてなえいずる》　四月二十五日〜二十九日頃
作物を傷める霜が降りなくなり、稲が成長し始める頃。

《第十八候》
牡丹華《ぼたんはなさく》　四月三十日〜五月四日頃
ボタンの花が咲き、人々の目を楽しませる頃。

この時季の花
ヤマブキ

《雑節》
【八十八夜】
立春から数えて、八十八日目にあたる日。新暦では五月二日頃。「八十八夜の別れ霜」とも言われるように、霜が降りなくなる頃で、農事の節目とされる。田んぼで田植えがされる一方で、茶畑でいそしまれるのが、新茶の茶摘み。この日に摘んだ新茶は、江戸時代から縁起物として珍重された。
お茶が料理にも使われ始めたのは、元禄年間（一六八八〜一七〇四）頃からで、茶飯などが作られた。煮出した煎茶で米を炊いたり、焙じた茶葉をご飯に混ぜたりと、レシピはさまざま。

《季節の行事》
【河豚供養《ふぐくよう》】
四月末頃、フグを扱う業者がフグに感謝して行う、追善供養のこと。祭壇をし

結ばない女。

霜がやみ、春雨に濡れた草木が日ごと青《あお》やぐ、暮れの春。そんな季節を彩る花がヤマブキである。

「吹く風も清々しい季節ですわね」

――暑くもなく、寒くもなく。揺れて咲く山吹色のその花も、お見事で。

「ありがとう存じます。ヤマブキの名は、この枝が山で風に吹かれて振れる様からついたともいわれますのよ」

――ほほう。この、枝垂《しだ》れた枝が。

「風のまにまに。ですから花も、たゆたいながら、お目もじします」

――艶《あで》やかなこの花が山にあれば、さぞかし目を奪われることでしょう。

「まぁ、お上手ですこと」

――ところでこの花は、花びらばかりとお見受けしますが、おしべやめしべはどうされました？

「それはもう、ございませんの」

――というと？

「あたし、八重咲きのヤマブキなので。おしべは今や、花びらに」

――変わったと？

「ええ。めしべもすっかり退化して」

――しかし、それでは実やタネは？

「あいにくあたし、結びませんの。ではどうやって繁殖を、とあなたお尋ねになるのでございましょう？　そこはそれ、奥の手がございましてね」

おしべが花弁に変化した八重咲きのヤマブキには花粉がなく、めしべもないため結実しない。そこでこの植物は周囲に地下茎を巡らせて、そこから新たな枝葉を伸ばし、繁殖するのだ。

つらえ、僧侶の読経、代表者の弔辞の後、フグを逃す放生《ほうじょう》が行われる。下関市の南風泊《はえどまり》市場や、築地の東京中央卸売市場などで行われる。

【鐘供養《かねくよう》】

フグの供養と同じ頃、お寺の鐘の供養もされる。年中撞《つ》かれていることを慰めるという風習で、和歌山の道成寺《どうじょうじ》、東京の品川寺《ほんせんじ》などが有名。鐘を新たに鋳造した際、魂入《たまい》れの意味で行われる行事も鐘供養と呼ぶため、区別して梵鐘《ぼんしょう》供養とも言う。

《季節の味覚》

【玉筋魚《いかなご》】

春、浅海に押し寄せる稚魚を獲り、くぎ煮と呼ばれる佃煮などに。関東ではコウナゴとも呼ぶ。

「一重咲きのヤマブキはきちんと実を結ぶのに、あたしとんだ徒花《あだばな》ですわ」

――徒花などと。この見目よい花を毎年見させてもらうのは、眼福《がんぷく》というもの。庭があるなら、植えたいくらいで。

「そうおっしゃっていただけて、あたしは果報者でございます。割と無遠慮に増えますけれど、よろしくて？」

――それは困るな。

「でもそうでなければ、あたし滅んでしまいますもの。あいすみません。あなかしこ」

――しかし地下茎で増えるにしては、方々で見かけるような。

「ヤマブキは鏡を埋めたところに生える、という言い伝えもございましてよ」

――鏡？

「ええ、鏡。あれは室町の頃かしら。惹かれ合う男女が別れ際に名残を惜しみ、互いの面影を鏡に映して、それを土に埋めたんでございます」

――すると、そこからヤマブキが？

「ええ。ですからあたしの下にも、鏡が埋まっているかもしれません」

　そんな故事から、面影草《おもかげぐさ》とも呼ばれるヤマブキの花。昔も今もその花は、はかなげに揺れて咲いては人の目を引く。


バラ科。山間の谷川沿いなどで、広く見られる落葉木。日本では古来よく知られ、『万葉集』にもこの花を詠んだ歌がある。晩春から初夏にかけて咲く花には、一重咲きと八重咲きがある。

《季節の言葉》

【行《ゆ》く春】

　過ぎ去ろうとする春を惜しむ季語。

　類似の季語に「春の名残《なごり》」や「春の果《はて》」「春の限り」「春尽《つ》く」「徂春《そしゅん》」「春ぞ隔《へだ》たる」などがある。四月の最後は「四月尽《しがつじん》」と表して、春の終わりも千々《ちぢ》の言いよう。

〈名句鑑賞〉

　行春を琴掻き鳴らし掻き乱す（夏目漱石）

《時候の挨拶用語》
【青やぐ】
　草木が青々としてくること。
〈例〉
　草木が日増しに青やぐ季節となりました。

~コラム・その一~

旧暦に見る、十二カ月の異名。

旧暦では一月から十二月までの各月を、和風月名《わふうげつめい》で表した。これは旧暦の季節や行事に合わせたもので、各々に名前の由来がある。現在も用いられることがあるが、新暦とは季節感が一~二カ月ずれるため、その名称の本来の意味とは合致しないこともある。

一月から十二月までの和風月名と、代表的な由来(諸説ある)は次の通り。

《一月》
睦月《むつき》
正月に一家が集まり、睦む月の意味。「むつみ月」とも。

《二月》
如月《きさらぎ》
「衣更着《きさらぎ》」とも言う。寒さが残る中、衣を重ね着する月の意味。

《三月》
弥生《やよい》
草木がいよいよ生い茂る「弥生《いやおい》」の月の意味。

《四月》
卯月《うづき》
卯の花(ウツギ)の咲く月の意味。

《五月》
皐月《さつき》
「早月《さつき》」とも言う。早苗《さなえ》を植える月の意味。

《六月》
水無月《みなづき》
「無」は「の」を意味し、「水の月」となる。田に水がある月の意味。

《七月》
文月《ふみづき》
「穂含月《ほふみづき》」に由来し、稲の穂が実る月の意味。

《八月》
葉月《はづき》
「葉落《はお》ち月《づき》」に由来し、木々の葉が落ちる月の意味。

《九月》
長月《ながつき》
秋の夜長の時季であることから、「夜長月《よながづき》」を略したもの。

《十月》
神無月《かんなづき》
「無」は「の」の意味で、「神の月」の意味。各地の神々が出雲大社に集まるため、神が留守になる月という説も。

《十一月》
霜月《しもつき》
霜の降りる月の意味。

《十二月》
師走《しわす》
師は僧のことで、僧がせわしなく走る月の意味。

夏

立夏
第十九候 蛙始鳴《かわずはじめてなく》
第二十候 蚯蚓出《みみずいずる》
第二十一候 竹笋生《たけのこしょうず》

小満
第二十二候 蚕起食桑《かいこおきてくわをはむ》
第二十三候 紅花栄《べにはなさかう》
第二十四候 麦秋至《むぎのあきいたる》

芒種
第二十五候 蟷螂生《かまきりしょうず》
第二十六候 腐草為蛍《くされたるくさほたるとなる》
第二十七候 梅子黄《うめのみきばむ》

夏至
第二十八候 乃東枯《なつかれくさかるる》
第二十九候 菖蒲華《あやめはなさく》
第三十候 半夏生《はんげしょうず》

小暑
第三十一候 温風至《あつかぜいたる》
第三十二候 蓮始開《はすはじめてひらく》
第三十三候 鷹乃学習《たかすなわちわざをならう》

大暑
第三十四候 桐始結花《きりはじめてはなをむすぶ》
第三十五候 土潤溽暑《つちうるおうてむしあつし》
第三十六候 大雨時行《たいうときどきにふる》

立夏《りっか》

暦の上での夏の始まり。
新暦では五月五日頃からの約十五日間にあたる。
北国からは、まだ桜の便りも届く中、
吹く風や陽光に、春とは異なる季節の到来を感じる頃。
ただし本格的な夏は、梅雨を経てから。

この時季を、七十二候で表すと――

《第十九候》
蛙始鳴《かわずはじめてなく**》**　五月五日～十日頃
冬眠から覚めたカエルが、鳴き始める頃。

《第二十候》
蚯蚓出《みみずいずる》　五月十一日～十五日頃
ミミズも冬眠を終え、地上に顔を出す頃。

《第二十一候》
竹笋生《たけのこしょうず》　五月十六日～二十日頃
竹林に、タケノコが生える頃。

この時季の花

ツツジ

《節句》
【端午《たんご》】
　五月五日は端午の節句。男の子の成長を願って鯉のぼりを上げ、武者人形を飾り、粽《ちまき》や柏餅を食べて祝う。
　もともとは中国・楚の詩人、屈原《くつげん》を弔った行事。楚の王族でもあった屈原は、政治的要職にあったが失脚し、五月五日に入水《じゅすい》して命を絶った。その死を悼んだ人々が、竹筒へ米を入れた供物を、屈原入水の川へ投げ込んだのが事の始まり。
　ちなみにその米は、川に棲む龍が食べてしまった。そこで現れたのが、屈原の霊。彼は「厄除けに供物を梅檀《せんだん》の葉で包み、五色の糸で巻けば、龍は食べぬであろう」と告げ、人々はそれに従って供物を作った。それが粽の起源なのだとか。なお、鯉のぼりにつく五色の吹き流しにも、魔除けの意がある。

飼いならす女。

薫風《くんぷう》に鯉のぼりがはためいて、北からは遅い桜の便りが届く頃、鮮やかに咲くのはツツジの花だ。歩道を彩る街路樹としても、おなじみの植物だ。

「日々、往来でお会いしますわね」

――本当に。花のない時季は、なんの木なのか分からずに見てたけど。

「昔なじみに向かって、つれないことを。不人情だわ。ツツジと言えば、『万葉集』にも載る花なのに」

――ふーん。古くからあるんだな。

「花の種類も多くあるのよ。ちなみにあたしは、オオムラサキという品種。江戸時代から栽培されて、今は街路樹の定番よ」

――なるほど。秘めた歴史が。

「別に秘めてないわよ。あなたが知ろうとしないだけ。もうすこし目を開き、あまねく世界をご覧なさいよ」

――世の中には、知らないことが山ほどあると？

「そりゃそうよ。じゃああなた、あたしの仲間が火山の麓《ふもと》に群生するのをご存知かしら？　例えばそうね、九州の阿蘇や雲仙」

――へぇー。知らなかったな。

「ほら、ご覧。無知って罪ね」

――なぜ、火山の麓に？

「酸性の土が好きだから。火山の土壌は酸性で。でもそこは、草花に有害な重金属が溶け出す場所でもあるの」

――なんでまた、そんなところに。

「あたしたち、その害から守ってくれる用心棒を雇っているから」

《季節の行事》

【菖蒲湯《しょうぶゆ》】

端午の節句に、邪気ばらいのため、ショウブを浴槽に入れる風習。

ショウブを用いる端午の節句の行事には、「菖蒲葺《しょうぶふき》」もある。これは五月四日の宵に、子供たちの無病息災と防火のために、ショウブを家の軒に挿したならわし。京都には「五日の夜に甘露の薬水が降る」という言い伝えがあり、その露を受けた「菖蒲葺」のショウブで、六日に菖蒲湯を立てることも。

《季節の味覚》

【柏餅】

『守貞謾稿《もりさだまんこう》』によれば、江戸時代、京坂では初端午を粽で、翌年からは柏餅で祝ったそう。一方、江戸では柏餅が親しまれた。柏葉は新芽が出るまで古い葉が落ちないため、子孫繁栄の象徴として武家で好まれたツツジは、ツツジ科菌根菌《かきんこんきん》と呼ばれる菌と共生する性質を持つ。その菌はツツジの根に付き、土中の重金属を自分の中に貯め込んで、ツツジに害を与えないようにするという。一方、ツツジは光合成で得た養分をその菌に分け与え、互いに有益な関係を築くのだ。

――なるほど、その菌が用心棒というわけか。うまく飼いならしたな。

「おかげで火山の麓は、ツツジ一家の独壇場よ。おほほほほ」

――よその草木が暮らしにくいところに根を張るとは、考えたものだ。

「街路樹を見る目も、すこしはお変わり遊ばして？」

――大いに変わった。

「あらまぁ、それは良かったわ」

――開花期の群生地は壮観だろうな。

「それはもう。一面桃色に色づく、仙酔《せんすい》峡《きょう》と呼ばれる場所もあるほどで」

――仙酔峡？

「仙人も酔うという花園よ。お連れしたいわ。きっと今、見頃でしょうね」

菌を手なづけ従えて、神仙《しんせん》の人をも悩殺せしめる、初夏の花。路傍で咲く花一輪に、かくも深い背景が存在するのが、この世の常だ。

ツツジ科。ツツジは、ツツジ科ツツジ属の植物の総称で、ヤマツツジ、ミヤマキリシマなどの原種のほか、園芸品種も多くある。四～五月頃、開花。九州を中心に、日本に広く自生する。

のも一因だとか。

《季節の言葉》

【余花《よか》】

北国などで五月頃に見られる、遅咲きの桜のこと。初夏の季語として使われる。春に咲いた桜が、散り残っている様子を指す「残花《ざんか》」は、春の季語。

〈名句鑑賞〉

道々の余花を眺めてみちのくへ（高浜虚子）

《時候の挨拶用語》

【薫風】

青葉を渡る、爽やかな風のこと。

〈例〉

薫風爽やかな季節となりました。

小満《しょうまん》

日ごとに暖かくなり、万物が成長して、
大地に生命が満ち始める頃。
新暦では五月二十一日頃からの約十五日間にあたる。
麦など一部の作物は早くも実りを迎えるが、
本格的な実りには至らない作物も多く、大きく満ちる前の時季。

この時季を、七十二候で表すと――

《第二十二候》
蚕起食桑《かいこおきてくわをはむ》　五月二十一日～二十五日頃
蚕の幼虫が卵から孵化《ふか》し、桑の葉を食べ始める頃。

《第二十三候》
紅花栄《べにはなさかう》　五月二十六日～三十日頃
染料や食用油のもととなる、ベニバナが咲く頃。

《第二十四候》
麦秋至《むぎのあきいたる》　五月三十一日～六月五日頃
麦が熟して、黄金《こがね》色の穂をつけ始める頃。

この時季の花
アジサイ

《季節の行事》
【衣替え】

六月一日は衣替え。中国の慣習に倣《なら》い、平安時代の宮廷で季節に応じて衣服を切り替えたのが始まりとされる。

江戸時代の武家社会では、四度の衣替えがあったそう。その内訳は、四月一日から五月四日までは袷《あわせ》（裏地付きの着物）で、五月五日から八月末までは麻の帷子《かたびら》（裏地のない単《ひとえ》）。九月一日から八日は再び袷で、九月九日から三月末までは綿入《わたい》れ（裏を付け、中に綿を入れた着物）を着たという。

現在は六月一日と十月一日が、夏服と冬服を切り替える目安とされる。

なお平安時代には、替えるのは衣服だけにとどまらず、室内の調度や家具にも及んだそうで、帳《とばり》や敷物などもこの日を境に替えられた。

染められる女。

麦穂が黄金に色づいて、初夏の風も爽やかに吹く万緑の候。人々が夏の衣に召し替える中、艶やかに花開くのはアジサイである。

「梅雨を控えたこの季節。それはすなわち、あたしの季節。ご覧ください、あたし今年も咲きましたのよ」

——やぁ、これはまた見事な。小さな花がまん丸く集まって。

「手鞠《てまり》のようでございましょう。お気に召しまして？」

——例年これを見るにつけ、梅雨もまた良しと思えるな。ところでこの小さな花は、各々にいずれはタネが？

「あら、タネはできませんのよ。これは皆、飾り花ですもの」

——飾り花とは？

「虫を呼ぶための見せかけの花。繁殖は、実のなる両性花の受け持ちで」

——花が二種類ある、と？　で、その両性花というのはどこに？

「あいにく、それはもうなくしましたの。地味で可愛くなかったもので」

アジサイの仲間の多くは、両性花と装飾花の二種類の花を持つ。地味で小さな両性花の周りを、派手で大きな装飾花が囲むことで虫を誘うが、両性花がすべて装飾花に改良されたものもある。これが手鞠形の、一般に知られるアジサイである。その花が園芸的に尊ばれ、古来各地で栽培されてきたのだ。

——なるほど。手鞠形にしてみたら、人からもてはやされたというわけか。

「君、その方がきれいだねって、皆さん

【氷の朔日《ついたち》】

旧暦の六月一日は、氷の朔日と呼ばれ、古来さまざまな行事があった。

室町時代の宮中・幕府では献上された氷を食べたり、進物にしたりした。この時の氷は氷室《ひむろ》（山の日の当たらない場所に掘った穴）で保存されたもの。民間では、正月の餅を保存しておき、この日に食べる習慣もある。

《季節の味覚》

【水無月《みなづき》】

三角形に切った白ういろうの上に、小豆あんを載せた和菓子。白いういろうは、「氷の朔日」に食べられた氷に見立てたもので、氷が貴重だった頃、庶民が考案した意匠といわれる。

京都では、六月三十日に神社で行われる「夏越《なごし》の祓《はらえ》」に合わせ、年末まで残り半年の無病息災を祈ってこれを食べる習慣がある。

口々におっしゃるもので」

――それで、そのまま？

「ええ。あなた方も、御髪《おぐし》を変えてあか抜けようとなさるでしょ？　それとおんなじ。地味な女は、もう卒業」

――でもそうなると、繁殖は？

「そこは人にお任せしたの。でも簡単。ひと枝手折《たお》って挿していただければ、あたしきっと根づいてみせますわ。そしてお礼に、毎年うんときれいに咲いて、皆さんにお目もじさせていただくの」

――虫よりも、人に寄り添って開ける道もあるんだな。

「あなたの好きなあたしでいたくて」

――あなたの色に染まりたい、と。

「色と言えばあたし、それこそお好きな色に染まってご覧に入れますわ」

――どうやって？

「酸性の土に植えていただいたなら青色に、アルカリ性なら桃色に」

――それはまた念入りな。

「さぁ、どうぞあなた好みに仕立ててちょうだい。そして末永く可愛がっていただけますよう、どうぞよしなに」

タネを捨て、虫より人の手を取った、特異な女。この世には、咲く花の数に応じた道がある。

アジサイ科。観賞用に植えられる落葉低木。ガクアジサイの花序全体が、装飾花に変化した変種。青い花が集まって咲くため、「集真藍（あづさあい）」が語源とされる。これが群生する寺などは、観光名所にも。

《季節の言葉》
【麦の秋】
麦の穂が実って色づく頃を指して言い、「麦秋《ばくしゅう》」とも。麦にとっては、初夏のこの時季が実りの秋となる。小津安二郎の映画『麦秋』では、初夏の風が麦畑を渡る様子が印象的に映される。
〈名句鑑賞〉
山寺は碁の秋里は麦の秋
（一茶）

《時候の挨拶用語》

【青時雨《あおしぐれ》】

青葉の木立から落ちる水滴を、時雨に見立てた言葉。時雨は、晩秋・冬に降ったりやんだりする雨のこと。

〈例〉

青時雨の冷たさも、心地よく感じられる季節となりました。

芒種《ぼうしゅ》

稲など、芒《のぎ》（穂先の尖った部分）のある
穀物のタネを蒔く時季。
新暦では六月六日頃からの約十五日間にあたる。
田植えで農家は忙しくなり、
梅雨入りを迎えて、雨模様の日が多くなる頃。

この時季を、七十二候で表すと——

《第二十五候》
蟷螂生《かまきりしょうず》　六月六日～十日頃
秋に産み付けられた卵から、カマキリの幼虫が孵化《ふか》する頃。

《第二十六候》
腐草為蛍《くされたるくさほたるとなる》　六月十一日～十五日頃
水辺の腐りかけた草の下から、羽化《うか》した蛍が現れる頃。

《第二十七候》
梅子黄《うめのみきばむ》　六月十六日～二十日頃
梅の実が熟して、黄色く色づく頃。

この時季の花
クチナシ

《雑節》
【入梅《にゅうばい》】
　暦の上での梅雨入りで、新暦では六月十一日頃にあたる。以後、三、四十日間が梅雨とされるが、実際には梅雨前線の動きによるため、あくまで目安。この頃に梅の実が熟すため、梅雨と呼ばれる。また、黴《かび》が生じやすいことから「黴雨《ばいう》」と書くことも。
　梅雨は読み下せば「梅の雨」とやわらかな季語になり、雨の降らない空《から》梅雨は「旱《ひでり》梅雨」とも。入梅よりも早く来た梅雨模様は「走り梅雨《つゆ》」、梅雨時の集中豪雨は「荒梅雨《あらつゆ》」で、洪水は「梅雨出水《でみず》」、曇り空なら「梅雨曇《ぐもり》」、梅雨の晴れ間は「梅雨明《あか》り」とも称される。

《季節の行事》
【蛍狩り】
　江戸時代、花火と並ぶ夏の楽しみとされたのが、蛍

匂い立つ女。

梅の実が熟し始めて、蛍舞う入梅の頃。しとしと続く雨催《あまもよ》いの中、甘い香りの花を開くのは、クチナシだ。

「いかがでしょうか、この純白の花」

――ほほう、見事に咲いて。なにより香りがかぐわしい。

「中国ではウメやユリと並んで、名香花の『七香』に数えられておりますの。あたし夜には一層、香りますのよ」

――へぇー。それはどうして？

「蛾を呼ぶために」

――蛾を？　なんでまた。

「花粉を運んでくれるから。蛾、お嫌いですか？」

――あえて愛《め》ではしないけど。

「でもその蛾のおかげで、あたし実がなるんです。その実は昔から、黄色の染料としてご愛顧いただいておりますの」

――へぇー。例えば、どんなものに？

「たくあんや、お正月の栗きんとんに」

――そうなのか。お世話になります。ちなみに、名はなぜクチナシと？

「実が熟しても、口を開けないので」

――あぁ、それで口無し、と。

「ええ。数ある説のひとつですけど。でもそんな故事から、碁盤の脚はあたしの実を模した形をしていましてよ」

――ん？　それはどうして？

「外野の口出しは御無用、と」

――なるほど、隠喩か。ところで実が口無しなら、タネ蒔きはどうやって？

「いいところにお気づきに。あたし、実をあえて鳥に食べさせますの」

クチナシの実は多角の独特な形状で、

を鑑賞する蛍狩り。江戸の町人は、提灯を頼りに夜道を歩き、蛍の光を楽しんだそう。『江戸名所花暦』（一八二七）によれば、江戸の蛍の名所は谷中や王子、落合など。蛍売りの行商も人気を博した。

【嘉祥喰《かじょうぐい》】

旧暦の六月十六日に、菓子を食べることで厄除けを祈願した行事。嘉祥元年（八四八）、仁明《にんみょう》天皇が疫病除けを願って、神に菓子や餅を十六個供えたことに由来するともいわれ、十六にちなんだ個数、もしくは金額の菓子を食べた。江戸時代には、幕府の行事として大々的に行われたそう。

現在は、全国和菓子協会がこの故事にちなんで、新暦の六月十六日を「和菓子の日」に制定している。

中には粘り気のある果肉と多数の種子が詰まっている。この実が熟すと外被がやわらかくなり、鳥がくちばしでつついて中身を食べる。そして種子は鳥のフンとともに排出されて、方々に蒔かれるという寸法だ。

――なるほど、その手があったか。

「これ、被食散布《ひしょくさんぷ》という技ですの」

――香りはいいし、実も役立つし、鳥は使うし。優等生だな。

「まぁ、そんなこと。恐れ入ります」

――あっ、そうこうするうちに、蛾が来たよ？　蛾よ、この花の花粉を運べ。

「あら？　この蛾、オオスカシバじゃないかしら？　それだけはあたし困るわ」

――オオスカシバ？　その蛾だと、なにが困ると？

「その幼虫は、あたしの葉を食べるのよ」

――えっ。この蛾、来るなり俄然《がぜん》、産卵し始めたけど。

「いやっ！　追い払って！　あたし丸裸にされてしまう。あなた、お願い！　後生《ごしょう》よ。早くっ！」

梅雨空の下、虫のみならず、人をも魅せる佳香《かこう》の女。だがその匂やかな芳香は、招かざる客までも呼び寄せる、諸刃の剣であるらしい。

アカネ科。東アジア原産の常緑低木。主に暖帯や亜熱帯地域に自生する。花は開きたてが白く、徐々に黄色がかってくる。秋にオレンジ色の実をつける。実は山梔子《さんしし》とも呼ばれ、漢方薬にも用いられる。

《季節の言葉》

【五月雨《さみだれ》】

旧暦五月の、降りやまない雨。梅雨がその時候までを含めた言葉であるのに対し、こちらは雨そのものを指す。物事が断続的に続く例えにも。

〈名句鑑賞〉

五月雨をあつめて早し最上川（芭蕉）

《時候の挨拶用語》

【仲夏《ちゅうか》】

夏を初夏、仲夏、晩夏に三分した際の半ばを指し、新暦の六月頃。

〈例〉

仲夏のみぎり、ご清栄のことと存じます。

夏至《げし》

一年で昼が一番長くなり、夜が最も短くなる頃。
新暦では六月二十一日頃からの約十五日間にあたる。
本格的な夏に向けて、日増しに気温が上がる一方で、ここを境に、日照時間は短くなっていく。

この時季を、七十二候で表すと――

《第二十八候》
乃東枯《なつかれくさかるる》　六月二十一日～二十六日頃
冬至の頃に芽を出すウツボグサ（乃東）が、夏至を迎えて枯れる頃。

《第二十九候》
菖蒲華《あやめはなさく》　六月二十七日～七月一日頃
梅雨空の下、水辺でアヤメの花が咲く頃。

《第三十候》
半夏生《はんげしょうず》　七月二日～六日頃
カラスビシャク（半夏）が生え、ハンゲショウ（半夏生）の葉が白くなる頃。

この時季の花
ハンゲショウ

《雑節》
【半夏生《はんげしょう》】
七十二候で「半夏生《はんげしょうず》」と表される時季の中でも、夏至から数えて十一日目を指す。新暦では七月二日頃。語源は毒草のカラスビシャクが生える頃だからとも、ハンゲショウの葉が白く染まる頃だからとも、諸説ある。
昔の農家では田植えを済ませる目安とされ、この日以降の田植えでは収穫がまならないといわれたそう。また、この日に降る雨は「半夏雨《はんげあめ》」と呼ばれ、田植え後に、田の神様が天に昇る際に降る雨だともいわれる。

《季節の行事》
【夏越《なごし》の祓《はらえ》】
六月三十日は夏越の祓。これは今年前半の罪穢《つみけがれ》をはらう神事で、神社では結界の印として茅《ち》の輪《わ》（茅《ちがや》を束

粧《よそお》う女。

梅雨のさなかの夏至の頃。明け急ぐ短夜《みじかよ》のこの時季に、小さな花を咲かせるのは、ハンゲショウという植物だ。

「あぁ、やはりこれではだめよ。地味だもの。野暮だもの。あたしなぜ、こんな花をつけたのかしら……」

――これは冒頭から、お嘆きのご様子。あなた、自身の花にご不満が？

「だって、これじゃあんまり冴えない花でございましょう？」

――花というのは、どの部分？

「白っぽい穂の部分」

――えっ、これが花？　なるほど、これはまた貧相な。

「微塵も斟酌《しんしゃく》なさらず、ひどいのね。でもいいの。悪いのはあたしですもの」

――ちなみにこの穂の下の、白い花びらみたいなものは？

「それは葉です。花が山出し《やまだ》の娘みたいに、あんまりあか抜けないから、すこしでも目立つようにと色を変えてみたんです。いかがでしょうか」

ハンゲショウの花は直径三ミリほどの大きさで、それが百個近く集まって穂を作る。花は虫が花粉を媒介する虫媒花で、アブなどが集まるが、その花が咲く頃、一部の葉が白化する。白化は葉の葉緑素が抜けるために起きる現象だが、ハンゲショウはこれにより、虫の目を引くといわれる。

――なるほど。しかしまた入念に白粉《おしろい》を引いたものだな。芸妓《げいぎ》のごとく。

「お化粧が過ぎたでしょうか？　これでもちゃんと虫が来てくださるか、あたし

ねて輪に仕立てたもの）を立てる。参拝者は定められた作法にしたがってこれをくぐり、心身の穢れをぬぐう。また、紙を人型に切り抜いた形代《かたしろ》に穢れを託し、川に流すことも。

十二月の晦日《みそか》にも、同様の神事が行われ、こちらは「年越しの祓」と呼ばれる。両者を合わせて、「大祓《おおはらえ》」と言う。

京都では夏越の祓の頃、和菓子の水無月を食べるのが、定番のお楽しみ。

《季節の味覚》

【蛸《たこ》】

蛸はこの時季のものがやわらかく、美味しいとされ、夏祭りの料理にも欠かせない。

関西では半夏生に蛸を食べる習慣があり、これは稲が蛸の足のように分かれて、増えるのを願ってのことだとか。

そのほか、この時季に旬

不安で、不安で……。でも葉の裏側は、生《き》のままの緑ですのよ」

——あ、じゃあ半分化粧で、ハンゲショウ？

「それもありますけど、半夏生の頃に花が咲くからともいわれます」

——半夏生の頃？

「あら、ご存知なくて？　夏至から数えて十一日目の雑節を半夏生と言うんです。昔は田植えの目安にした頃で」

——ほほう。そう聞くと、途端に風流な名に聞こえるな。ところで花が済んだら、その化粧は？

「それはやっぱり、落としますわ」

——どうやって？

「葉緑素の働きで」

——もとの緑に？

「大体は」

——大体？　まだらってこと？　化粧がまだらに残った女はどうかなぁ。

「責めないで。あたしもそれは気にしています。でもあんまり粧い過ぎたものだから、戻らないのよ……」

受粉のために白く粧う、健気な女。張り切ってした化粧の落とし方には不慣れでも、その奮闘ぶりはほかならぬ虫が認める。

ドクダミ科。水辺に生える多年草。草丈は一メートルほどにもなる。六、七月頃の花期、茎の先の二、三枚の葉が白くなる。別名カタシログサ。花には花弁がなく、穂状の花序にはハナアブや甲虫が花粉を食べに集まる。

を迎える魚介類は「鱧《はも》」「鱚《きす》」「穴子」に「鮑《あわび》」「蝦蛄《しゃこ》」、「平鰤《ひらまさ》」「虎魚《おこぜ》」「鰻」に「鮎」と盛りだくさんで、これらはすべて夏の季語。

《季節の言葉》

【青簾《あおすだれ》】

青い竹を細く割って編んだ、新しい簾のことで、夏の風物詩のひとつ。

〈名句鑑賞〉

黒猫のさし覗きけり青簾
（泉鏡花）

《時候の挨拶用語》

【短夜】

夏至の頃の、短い夜のこと。

〈例〉

短夜の季節となりましたが、お変わりありませんでしょうか。

小暑《しょうしょ》

梅雨も終わりに近づいて、
本格的な夏が到来する頃。
新暦では七月七日頃からの約十五日間にあたる。
ここから立秋の前までを一般的に暑中と呼び、
暑中見舞いを出すのも、この期間。

この時季を、七十二候で表すと――

《第三十一候》
温風至《あつかぜいたる》　七月七日～十一日頃
湿気を帯びた南風が吹き、熱気を帯びてくる頃。

《第三十二候》
蓮始開《はすはじめてひらく》　七月十二日～十七日頃
ハスの花が咲き始め、夜明けの水辺に色を添える頃。

《第三十三候》
鷹乃学習《たかすなわちわざをならう》　七月十八日～二十二日頃
初夏に孵化《ふか》した鷹の雛が、飛び方を覚える頃。

この時季の花
ツユクサ

《節句》
【七夕】
端午の節句などと同じく、五節句のひとつ。
旧暦の七月七日頃、天の川両岸の牽牛星《けんぎゅうせい》と織女星《しょくじょせい》が接近し、これが年に一度であることから、人間の男女にあてはめて、彦星と織姫の民話などが生まれたといわれる。この二つの星の逢瀬を、季語では「星合《ほしあい》」「星の契《ちぎり》」「星の閨《ねや》」などと例える。
願い事を短冊に書き、竹に結ぶ風習は、裁縫や手習いの上達を願った中国の行事「乞巧奠《きこうでん》」がルーツ。また、七夕の前夜、子供が硯や机を洗って学問の上達を願うことを「硯洗《すずりあらい》」と呼ぶ。

《季節の行事》
【四万六千日《しまんろくせんにち》】
七月十日は観音様の縁日で、この日に参詣すれば、四万六千日参詣したのと同

したたかな女。

七夕を経て、木々の幹には蝉の蛻《もぬけ》が残る頃。朝早く、小指の先ほどの小さな花を開くのはツユクサだ。

「春はあけぼの、夏は夜。古来そう申しますけれど、朝露きらめく夏の東雲《しののめ》、これもまた風情があるもので」

――あ、その朝露に濡れるような時刻に咲くから、ツユクサと？

「もしくは、昼過ぎには閉じる花の命が露のようにはかないから、と」

――それはまた詩的な。

「はたまた朝方、葉から露を出すからという説もございます」

――葉から露を？　一体、なぜそんなことを。

「夜、吸い上げた水が余るものですから。お湿りが過ぎれば、それはそれで困るものでして」

植物の多くは昼の間、根から吸い上げた水を、葉の気孔《きこう》から水蒸気として蒸散させている。この気孔は通常、夜間は閉じるか狭くなるため蒸散が減るが、根は水を吸い続けるため、葉の中の水分が過多になる。そこで一部の植物は、葉の水孔《すいこう》という別の穴から、余分な水を押し出すという。ツユクサは、その働きが盛んな植物なのだ。

「そうして生まれたしずくが、葉の上で朝日に輝きますの。素敵でしょ」

――根が一生懸命、届けた水なのに。なんだか贅沢な話にも聞こえるな。

「でも、不要なものを貯め込むわけには。人間の女性も、殿方からの不要な貢ぎ物は、やはり転売しますでしょ？」

じ功徳が得られるとされる。

東京の浅草寺が有名で、前日の九日から境内に「江戸の町に夏を呼ぶ」といわれるほおずき市が立つ。

【お盆】

祖先の霊に種々の供物を供えて、冥福を祈る行事で、もとは旧暦の七月十五日を中心に行われた。

新暦の現在、七月十五日を中心に行う地域と、八月十五日を中心に行う地域がある。後者は「月遅れ盆」とも言う。

また、旧暦の七月十五日を新暦にあてはめた「旧盆」（旧暦と新暦のずれは年によって異なるため、毎年行う日付が変わる）で行う地域もある。江戸時代、七月十六日は「藪入り《やぶいり》」と呼ばれた日で、奉公人が奉公先から休みを貰って里帰りした。藪入りは一月と七月の年二回あったため、後者は「のちの藪入り」とも。

——まぁ、一部の人は。

「お嫌いですか、そういう女」

——したたかだな、とは思うけど。

「ですけど、多少のしたたかさがなければ、渡世はかないませんことよ」

——ほほう。なにか後ろ暗いことでもしていそうな口ぶりだな。

「それは、多少は。例えばそうね、偽のおしべをこしらえて、花粉を食べようとする虫を呼び、送受粉に使うとか」

——それは詐欺じゃないのか？

「黄色く見えるのが、偽のおしべで」

——あぁ、いかにも花粉がありそうな雰囲気が。

「そう見せるのが工作ですわ」

——ほかには？

「騙《だま》す手口は、まずそのくらい。あとは地を這う茎の節々から出根、分枝のあげく、見る間に群生してみせるとか」

——庭師に嫌われるタイプだな。

「たとえ庭師にむしられたって、抜かれた茎からまたぞろ根を出し、再起の機会をうかがいますわ。それから受粉の際にも、必中の秘策があって……」

はかなげな見た目とは裏腹に、あの手この手を繰り出す女。柔軟に策を練り、諦めない生き方が野にはある。

ツユクサ科。畑や道端などに自生する一年草。六～九月頃に順次開花し、秋頃にこぼれる種子から翌春発芽。本物のおしべは二本、虫寄せの偽のおしべを四本持つ。古くは青い花弁が衣の着色に用いられ、着草《つきくさ》とも呼ばれた。

【お中元】

お盆を七月に迎える地域と、八月に迎える地域では、贈る時期が異なることも。前者は七月初めから十五日頃、後者は八月の同日頃に贈るのが、主ならわし。贈る時期が遅れたら、表書きは「暑中御伺」や「残暑御伺」に。

《季節の言葉》

【空蝉《うつせみ》】

蝉の抜け殻のこと。

〈名句鑑賞〉

手に置けば空蝉風にとびにけり（高浜虚子）

《時候の挨拶用語》

【送り梅雨《つゆ》】

梅雨明けの頃、再び大雨になること。

〈例〉

送り梅雨に、傘を叩かれる今日この頃。

大暑《たいしょ》

大暑という文字通り、
一年で最も暑さが厳しくなる頃。
新暦では七月二十三日頃からの約十五日間にあたる。
空には入道雲が現れて、蝉の鳴き声が響き渡る頃。
「暑気払い」の声も聞かれ始める。

この時季を、七十二候で表すと——

《第三十四候》
桐始結花《きりはじめてはなをむすぶ》　七月二十三日～二十七日頃
初夏に咲いた桐の花が、実を結ぶ頃。

《第三十五候》
土潤溽暑《つちうるおうてむしあつし》　七月二十八日～八月一日頃
気温湿度ともに上がって、蒸し暑くなる頃。

《第三十六候》
大雨時行《たいうときどきにふる》　八月二日～六日頃
夏の雨が時に激しく、地面を叩く頃。

この時季の花
ノウゼンカズラ

《雑節》
【土用】
丑《うし》の日に鰻を食べる習慣でおなじみの夏の土用は、立秋（八月七日頃）前の十八日間。土用とは中国の五行説で土の気が盛んになる時季とされ、年に四回ある（立春、立夏、立秋、立冬各々の前十八日間）が、現在は夏の土用を指すのが慣例。
「土用鰻」の習慣は江戸時代からあるが、その起源には諸説ある。庶民の間でも鰻の蒲焼きは人気を博し、落語にも度々登場。『始末の極意』という噺《はなし》には、鰻屋が焼く蒲焼きの匂いをおかずにご飯を食べて、嗅ぎ代を請求される吝嗇家《りんしょくか》も。

《季節の行事》
【土用干し】
夏の土用に、衣類や書物を陰干しすること。また、田んぼの水を一旦抜いて、

吸い付く女。

木陰が恋しく、朝な夕なに打ち水をしたくなる、大暑のみぎり。そのうだるような日盛りに咲き誇るのは、ノウゼンカズラの花である。

「あぁ、この陽気、この温気《うんき》。あたくし、これを待っていましてよ。今や、蜜も溢れんばかり。さぁ、虫でも鳥でも、あたくしの花粉を運んでちょうだい」

——ほほう。鳥から蜂から、蟻まで呼んで。大盤振る舞いだな。そして暑いのに、上へ上へとつるを伸ばして。

「あたくし名前のごとく、空をもしのぐ高みへと昇り詰めたくて」

——名前のごとく?

「漢字では凌霄花《りょうしょうか》と書くんです。凌はしのぐという意味。霄は空のことですの」

——なるほど。それで天を衝《つ》く勢いなのか。でもどうして、それほど上へ?

「無論、誰より日射を浴びるためですわ。あたくしそのためならば、どんな手だって使ってみせる」

ノウゼンカズラは、つるの節々から吸着根《きゅうちゃくこん》と呼ばれる根を出して、ほかの樹木などにへばりつく。そしてそこからさらに上へと這い回り、あっという間に繁茂するのだ。つるには葉も多く茂るため、小さな木なら日を遮られて弱ることさえあるという。

——よそ様に取り付いたあげく、日の恵みも奪うのか? 悪い奴だ。

「あたくし、手段なんか選ばない。そう申し上げたでしょう?」

——苦情が出ても知らないぞ。

「そういえば昔、松の木がなにやら恨み

稲の根を張らせる「田の土用干し」、梅干しを天日干しする「梅の土用干し」なども行う。

このほか、夏の土用の行事には、夏疲れの出る頃に行うことで特効があるとされる「土用灸《どようきゅう》」、丑の日に入浴することで病気を避けるといわれる「丑湯《うしゆ》」などがある。

また、土の気が盛んな土用の間は土を動かすことが禁忌とされる。ただし数日に一度、「土用の間日《まび》」が設けられ、その日には土を動かしてもよいという。

【八朔《はっさく》】 旧暦八月一日は、八朔（八月朔日《ついたち》の略）と呼ばれる日。新暦では九月の初旬にあたり、農村では天候の平穏と収穫を祈った。

果物のハッサクは、この頃から食べられるとして命名されたが、実際の食べ頃は、一般的には冬頃となる。

言を。あたくし昔、松の木に懸想《けそう》をされたことがありまして」

――待て。松の木に惚れられた？　それは一体、どういうことだ。

「そういう昔話があるんです。ともかく松に言い寄られて、あたくし『それなら、その幹に這わせていただきたい』と」

――求愛の受諾に、条件提示を？

「当然ですわ。それであたくし、松の木につるを這わせていたんですけれど、よそへもつい、つるが伸びまして」

――別の木に？　浮気じゃないか。

「松の木も、あたくしをそう責めますの。でも仕方がないと思うのよ。縦横無尽に伸びるのが、あたくしの本能だもの。性分だもの」

――束縛してくれるな、と？

「誰かの思い通りになるような、そんなあたくしではなくってよ」

――しかしその松はさておき、ほかの木は君に取り付かれたら迷惑だろう。

「存じません。だって、これが生きるための営みだもの。あたくしは内なる求めに正直なだけ。あしからずご承知を」

他者の迷惑顧みず、つるで吸い付く真夏の女。その花は蜜をしたたらせては、虫や鳥らをせっせと呼び込む。

ノウゼンカズラ科。中国原産の落葉木。橙色の花を咲かせる。日本への渡来は古く、平安時代の本草書にも掲載される。金沢市の玉泉園には、豊臣秀吉ゆかりといわれるノウゼンカズラの古木が残る。

《季節の言葉》

【打ち水】

真夏の暑さをしずめるため、路地や庭に水を打つこと。

〈名句鑑賞〉

古庭に水打って蛍呼ばんとす（正岡子規）

《時候の挨拶用語》

【緑陰《りょくいん》】

緑の木々が茂った木陰のこと。

〈例〉

暑気日ごとに増し、緑陰に感謝する今日この頃。

～コラム・その二～

江戸の味わい、暦に寄せて。

旧暦の世に暮らした江戸の人々は、月を眺めて移ろう月日の流れを感じ、冷蔵庫のない中で、初物を珍重して口にする暮らしを営んでいた。ここではそんな時代の食の話を。

《春の献立》

春の江戸の名物は、まず早春の白魚から。喜田川守貞《きたがわもりさだ》の『守貞謾稿《もりさだまんこう》』（一八五三）には、「白魚は江戸隅田川の名物とす。細かき網をもつて掬《すく》い捕る。夜は篝《かがり》してこれを漁《すなど》る」とあり、その調理法は酢の物やお吸い物のほか、サクッと揚げたかき揚げの天ぷらなど。

桜の時季に、法外な値で出回ったのは、初鰹《はつがつお》（鰹は松魚とも書く）。見栄っ張りな豪商などが大枚叩《たいまいはた》き、庶民も意地のようにしてそれを求めた。式亭三馬《しきていさんば》の『浮世風呂《うきよぶろ》』（一八〇九）には、親が死んだ後に仏壇に菓子をお供えするより、「生きている間に初松魚《かつお》で一杯呑ませる方が、遥かに功徳」と記される。なお江戸では鰹の刺身を、からしや酢味噌で食べたそう。

《夏の献立》

初物として珍重されたのは、茄子《なす》や胡瓜《きゅうり》の野菜類。初物は食べれば寿命が七十五日延びるとされ、茄子は油で焼いて練り味噌をつけた鴫焼《しぎや》き（京坂では「茄子の田楽」と称した）などに。

魚では鱸《すずき》や鮎が旬を迎えて、前者は洗いや味噌漬けに、後者は蓼酢《たでず》で食べたそう。また鰻は蒲焼き、鯛はわさび醤油の付け焼きなどに。細造りにした鱚《きす》のお吸い物には、木の芽を添えた。また、干した河豚《ふぐ》や鰻の皮を味噌汁にして、わさびを添える献立も。

《秋の献立》

秋は新米、新蕎麦、新酒が揃って出回る季節。米の炊き方を、料理書の『名飯部類《めいはんぶるい》』（一八〇二）は「飯炊くに初チヨロチヨロ中バンバン沸《ふき》ての後は少しゆるめよ」と指南した。

魚は鯖《さば》が美味しい季節。背から開いて塩漬けにした「刺鯖《さしさば》」は、食あたりもせず、好まれた。これに花鰹を添え、蓼酢などで食べたそう。キノコ類も旬を迎えて、醤油、酒、みりんに胡椒や山椒を加えたたれをつけ、炭火で焼く香りが江戸の町に漂った。

《冬の献立》

冬には鮪《まぐろ》が旬を迎える。そこで食べられたのが、トロとネギを鍋で仕立てる、ねぎま鍋。冷蔵技術がなかった時代、傷みやすくて捨てられがちだった脂身を、美味しく食べるために考案された献立だ。当時は下魚とされていた鮪を用いた庶民の味も、今となっては高級料理。

そのほか、牡蠣は串に刺して炭火で炙り、蕗《ふき》味噌《みそ》を用いた牡蠣田楽に。みぞれに見立てた大根おろしに出汁を加えて、牡蠣や蛤《はまぐり》を入れて味噌仕立てにした「おろし汁」も冬の味。また、寒中に病弱の人が、一般には忌まれた獣肉を食べ、滋養をつけたことを薬食《くすりぐ》いと称したそう。

秋

立秋　第三十七候　涼風至《すずかぜいたる》
第三十八候　寒蝉鳴《ひぐらしなく》
第三十九候　蒙霧升降《ふかききりまとう》

処暑　第四十候　綿柎開《わたのはなしべひらく》
第四十一候　天地始粛《てんちはじめてさむし》
第四十二候　禾乃登《こくものすなわちみのる》

白露　第四十三候　草露白《くさのつゆしろし》
第四十四候　鶺鴒鳴《せきれいなく》
第四十五候　玄鳥去《つばめさる》

秋分　第四十六候　雷乃収声《かみなりすなわちこえをおさむ》
第四十七候　蟄虫坏戸《むしかくれてとをふさぐ》
第四十八候　水始涸《みずはじめてかる》

寒露　第四十九候　鴻雁来《こうがんきたる》
第五十候　菊花開《きくのはなひらく》
第五十一候　蟋蟀在戸《きりぎりすとにあり》

霜降　第五十二候　霜始降《しもはじめてふる》
第五十三候　霎時施《こさめときどきふる》
第五十四候　楓蔦黄《もみじつたきばむ》

立秋《りっしゅう》

夏から秋へと季節が移ろい始める頃。
新暦では八月七日頃からの約十五日間にあたり、
暦の上では、ここからが秋になる。
暑さ厳しい折ながら、
吹く風に、時折秋の気配も感じられる。

この時季を、七十二候で表すと――

《第三十七候》
涼風至《すずかぜいたる》　八月七日～十二日頃
涼しい風が、初めて吹き始める頃。

《第三十八候》
寒蝉鳴《ひぐらしなく》　八月十三日～十七日頃
夏の終わりを告げるように、ヒグラシが鳴き始める頃。

《第三十九候》
蒙霧升降《ふかききりまとう》　八月十八日～二十二日頃
朝夕ひんやりし始め、早朝に深い霧が立ち込める頃。

この時季の花
ヒマワリ

《季節の行事》
【盆用意《ぼんようい》】
お盆の初日（旧暦、新暦の七月十三日。月遅れ盆で行う地域は、八月十三日）までに仏壇や墓の掃除をし、精霊棚の飾りや供物の準備をすること。現在のようなお盆の形は、江戸時代にはできていたとされ、江戸の町に七月十二日には盆用意のための市が立った。
精霊棚には、キュウリやナスに四つ足をつけたものを飾り、前者を馬、後者は牛に見立てる。精霊が馬に乗り、荷物を牛に背負わせてくるとされることから。また、来る時は馬で早く、帰りは牛でゆっくりのお帰りを、という意味も込められる。
お盆の月の一日《ついたち》は「釜蓋《かまぶた》朔日《ついたち》」と呼ばれ、地獄の釜の蓋が開く日とされる。地獄にいるかどうかはさて置いて、故人はこの日にあの

誤解される女。

　暑さが依然、居座る中で、暦の上では秋となる立秋の頃。そんな中、黄色い花を張り切って咲かせるのは、ヒマワリだ。

「残暑お見舞い申し上げます」

――これはご丁寧に。しかしこの陽気に立ち詰めで、精が出ますね。

「タネをこしらえるには、やはり起立し、虫に訴えなければ。それに日差しは、割かし好きな質《たち》でして」

――確か、その花は太陽を追って首を振るとか。

「あの、それ実は誤解なんですの」

――そうなの？

「花は首を振らなくて……」

――なんだ、そうなのか。

「ご不満ですか？　あいすみません。ですけど花が開く前、つぼみの頃までは、あたし確かに首を振ります」

　茎の先端につくヒマワリのつぼみは、朝東を向いて、夕方には西を向く。これは伸びようとする茎の先端で作られる成長ホルモン、オーキシンの作用だという。オーキシンは光を浴びると、茎の中の暗い部分へ移動する性質を持つ。すると茎は日陰になる側が、より大きく成長する。その結果、茎は太陽に向かって屈曲し、その先端のつぼみは日中、常に日に向かうことになるのだ。

「太陽を追うという噂は、この頃の姿から来ているのではないかと」

――それが開花後、やむのはなぜ？

「茎の成長が止まるからですわ」

――なるほど。もう背丈も伸びたし、以後は開花と受粉に注力する、と？


世を出発、十三日に各家に戻ってくるとされる。


【迎え盆・送り盆】

　盆用意を整えて、十三日に迎え火を焚くのが、迎え盆。迎え火は精霊が迷わず来られるよう、苧殻《おがら》（麻の茎の皮をはいだもの）などを門前で焚く。

　お盆の終わる十六日（十五日の場合も）に、再び門前で焚く火を送り火と呼び、精霊棚に載せた供物を棚からおろして送り盆とする。地域によっては、川や海に灯籠を流して名残を惜しむ。

　送り盆の行事の中でも、特に有名なのが、京都の「五山送り火」。八月十六日の午後八時から、東山如意ヶ嶽の大文字を筆頭に、五山の山肌に送り火の文字や形が浮かび上がる。かくして、十万億土の遠くから来るとされる精霊とは、またひととせのお別れに。

「ご明察。あたしが首を曲げて咲くのも、成長期の名残と申しましょうか」

――おかげで、見事なカメラ目線に。

「きれいに写ってますかしら。ですが結実した暁《あかつき》には、この花も下向きに」

――そういえば、これ以上ないほどにうなだれたお姿を、秋口によく。

「お見苦しくて、すみません。でもタネを蒔くには、その姿勢が一番で」

――そのまま地面に落とせるから？

「ええ。でもそのタネを食べる輩《やから》が」

――鳥とかリスとか？

「人もです。日本でも昔、有名なレスラーが、あたしのタネを食用に販売されたでしょ。あの、アゴの立派なお方」

――アントニオ猪木？

「ええ、アントン。近頃、米国の大リーガーが、試合中に口をモグモグさせているのも、多くはあたしのタネを」

――そういえば、殻だけ器用に吐き出しているのを見かけるな。

「残暑のさなか、頑張ってタネをこさえても、あたしこれじゃあ……」

花が回ると誤解され、否定をすれば落胆される。その上さらに丹精込めたタネも勝手に食される、悲劇の女。この夏も、おそらくそれは繰り返される。


キク科。北米原産の一年草。大きなものでは、高さが二～三メートルにも達する。花後はよく結実し、種子は搾油にも用いられる。日本への渡来は寛文年間（一六六一～一六七三）といわれる。向日葵や日輪草とも。


【残暑見舞い】

立秋後の挨拶状は、残暑見舞いに。送る時期は八月いっぱいまでが目安。

《季節の言葉》
【初秋《はつあき》】
秋の初め頃を表す季語。おおむね八月頃を指す。
〈名句鑑賞〉
初秋の富士に雪なし和歌の嘘（正岡子規）

《時候の挨拶用語》
【行《ゆ》き合《あ》いの空】
二つの季節が行き交う空のこと。
〈例〉
行き合いの空を見上げ、季節の移ろいを感じる今日この頃。

処暑《しょしょ》

処は収まるという意味で、
長かった暑さがひと段落する頃。
新暦では八月二十三日頃からの約十五日間にあたる。
朝夕は涼しさが増し、虫の声が秋の気配を運んでくる時季。
台風のシーズンでもある。

この時季を、七十二候で表すと――

《第四十候》
綿柎開《わたのはなしべひらく》　八月二十三日～二十七日頃
柎は花の萼《がく》のことで、ワタの実を包む萼が開く頃。

《第四十一候》
天地始粛《てんちはじめてさむし》　八月二十八日～九月一日頃
暑さがようやく収まり始める頃。

《第四十二候》
禾乃登《こくものすなわちみのる》　九月二日～七日頃
禾とは稲のことで、田んぼで稲が黄金色に実る頃。

この時季の花
サルスベリ

《雑節》
【二百十日《にひゃくとおか》】
立春から数えて二百十日目にあたる雑節で、九月一日頃。
台風の来やすい厄日とも言われ、稲の開花期にもあたるため、農家では特に用心する目安にされる。この頃、作物を風害から守るため、神に祈願する「風祭《かざまつり》」を行う地域もある。
同じく雑節の「二百二十《にひゃくはつ》日《か》」は、この十日後で、やはり天候に注意する日。
この頃の、秋の野を分けて吹く強風を、「野分《のわき》」と呼ぶ。重く実った黍《きび》の穂を揺らす風は「黍嵐《きびあらし》」。それらの前触れのように、秋の初めに吹く激しい風は「初《はつ》嵐《あらし》」。冬鳥の雁《かり》（ガン）が渡って来る頃に吹く風は「雁渡《かりわた》し」。そして秋の風を総称して、「色無き風」とも言い習わす。これは紀友則《きのとものり》の「吹き来れば身にもしみけ

振る舞う男。

秋風が黄金《こがね》に実った稲穂を揺らし、蝉が消えゆく初秋の時候。街並みに薄紅の色を添えているのは、サルスベリの花である。

「暑さも峠を越しまして」

——ようやく過ごしやすく。

「わたくし今年も夏中、咲いておりましたが、あとひと月ほどで、おいとまを」

——それはお寂しい。しかし、確かに七月頃から咲いていらしたかと。

「花期が長いのが売りでして。別名を百《ひゃく》日紅《じっこう》とも申すくらいで」

——その花は長期間、散らぬまま？

「いえ、三日ほどで散りますが、小さな花が次々と、房状に咲くもので」

——百日にわたって？

「まぁ、おおよそ三月《みつき》。夏に花咲く樹木は少のうございますから、道沿いや公園に、多く植樹していただきまして」

——なるほど。夏の街を彩ったその花も、あとひと月で見納めですか。

「あとにはキンモクセイやら、秋咲きの樹木が控えていることですし」

——後続にバトンを渡す、と。

「お名残惜しくはありますが。わたくし自身の命のリレーも、順調ですし」

——ほう。受粉結実が順風な見通しで？

「おおかたは。今年も餌に釣られて、この花を多くの虫が訪れたおかげで」

——餌に釣られて？

「実はわたくし、食用の花粉を別途、用意しておりまして」

植物の花粉は生殖の機能のほかに、蜜と同様、食料となることで、虫などを誘

る秋風を色なきものと思ひけるかな」の歌にもとづく。

野分は『源氏物語』の巻名や、夏目漱石の小説のタイトルにも見られ、明治・大正期の俳人、内藤鳴雪《めいせつ》はその風の強さを、こう詠んだ。

我が声の吹き戻さるゝ野分かな

《季節の行事》

【地蔵盆《じぞうぼん》】

八月二十三、二十四日は、お地蔵さんを祀る地蔵盆。主に近畿地方で行われる行事で、新しい頭巾とよだれかけを付け、菓子や花を供える。

《季節の味覚》

【秋刀魚《さんま》】

二百十日を迎える頃は、秋刀魚の水揚げも本格的になる時季。同じ頃に出回るすだちを搾って、旬の味覚を。

う役割も担っている。サルスベリの花ではこの役割が分化して、二種類のおしべから、それぞれ生殖と食用の目的に特化した花粉が作られるのだ。

「花の中心に短いおしべが無数にあって、そこに食用の花粉がたんまりと。しかしこれは、生殖機能を持ちません」

――では、生殖用の花粉はどこに？

「その外側の、長いおしべに。虫が食用の花粉を夢中で食べている時、その体にこっそりつけるからくりで」

――なるほど。虫は立ち寄った食堂で、知らぬ荷を負わされる、と。

「暑中に滋養のある食事を振る舞ってやるのですから、それくらいは」

――猿も滑るといわれるツルツルの樹幹の上で、そんなことが。

「まぁ、猿は器用に登ってきますがね」

――そうなのか。

「ですけど俗に、猿も木から落ちると申します。弘法も筆を誤り、河童が川を流れることもあるでしょう。しかしわたくしは、繁殖を失敗いたしません」

海の家と営業期間を同一にする、夏の食堂。そこの主人は、海老で鯛を釣るかのごとき戦法で、この夏も見事役目を果たし、姿をくらます。

ミソハギ科。中国原産の落葉高木。高さは三〜九メートルほど。成長にしたがって樹皮が剥がれ落ち、滑らかな木肌がむき出しになるのが特徴。日本には、江戸時代に持ち込まれたといわれる。花色は赤、桃、白など。

《季節の言葉》

【法師蟬《ほうしぜみ》】

秋風の吹く頃に鳴き始める蟬で、秋の季語。「寒蟬《かんせん》」とも。ツクツクホウシの名でもおなじみ。

〈名句鑑賞〉

鳴き立ててつくつく法師死ぬる日ぞ（夏目漱石）

《時候の挨拶用語》

【新涼《しんりょう》】

秋に入って感じる涼気を指す言葉。

〈例〉

新涼の候、皆様お変わりございませんでしょうか。

白露《はくろ》

秋の気配が深まって、野山の草に宿った露が
月に照らされて白く輝く頃。
新暦では九月八日頃からの約十五日間にあたる。
昼の暑気は残っていても、
昼夜の寒暖差が大きくなる時季。

この時季を、七十二候で表すと——

《第四十三候》
草露白《くさのつゆしろし》　九月八日～十二日頃
朝夕の寒暖差で草に降りた露が、白く光って見える頃。

《第四十四候》
鶺鴒鳴《せきれいなく》　九月十三日～十七日頃
水辺でセキレイ科の小鳥（中でも秋に飛来する種を指す）が鳴く頃。

《第四十五候》
玄鳥去《つばめさる》　九月十八日～二十二日頃
春に飛来したツバメが子育てを終え、南方へ帰る頃。

この時季の花
オミナエシ

《節句》
【重陽《ちょうよう》】　旧暦の九月九日は重陽の節句。九は陽数（陰陽思想における奇数。縁起がよいとされる）で、それが重なることから重陽と呼ぶ。
「菊の節句」とも言われ、菊花を用いた行事が多い。平安時代、宮中ではこの日にキクを飾り、その花を浸した「菊酒《きくざけ》」を振る舞った。
キクは「翁草《おきなぐさ》」「千代見草《ちよみぐさ》」「齢草《よわいぐさ》」とも呼ばれ、生命力の象徴とされる花。菊酒はそれにちなんで、無病息災と長寿を願ってたしなんだもの。
「菊の着綿《きせわた》」も、菊花を用いて長寿を願った行事。これは前の晩に菊花に綿をかぶせてキクの香りを移し、露に濡れたその綿で体を拭くならわしで、紫式部も体験したことを歌に詠んでいる。
ちなみに、時機に遅れて

欲を張る女。

朝夕に涼を感じる、秋の中頃。月明かりに草の夜露が光る頃、か細い茎を伸ばして咲くのはオミナエシだ。秋の七草に数えられる花である。

「お月様がきれいな頃合いで」

――本当に。

「季節は巡り巡って」

――風にもすっかり、秋の気配が。

「この風が残暑をすっかり連れ去って、代わりに夜露を連れてきますのね」

――そして秋の七草も。

「ええ。あたし張り切って咲いて、皆さんに秋の訪れをお告げしますわ」

――あなたは、小さな花を寄せ合って咲かせるのかな?

「はい。花は押し合いへし合いで。そうすれば、皆さんのお目にも止まりやすいかと」

――粟粒《あわつぶ》でも集ったような。

「花の色は蒸せる粟のごとし。紫式部も、あたしをそう評されたものですわ」

――ほう。古くから人と見知った仲で。

「よしなにお引き立ていただいておりますの。和歌にも詠んでいただいて」

――しかし、こう花が多いと、タネもよく実るでしょう。

「おかげさまで。ですけどあたし、地下茎からも子株を吹きますの」

――タネがきちんと実るのに?

「ましてや、親株も越年して残るのに」

――それはまた、念の入《い》ったご繁殖で。

「あたし、欲張りな女ですわね。さもしくはないかしら」

――そんなことは。堅実です。

役に立たないことを例える「十日の菊」という言葉は、重陽の節句が語源。なお菊花の盛りは、新暦では十月頃となる。

《雑節》

【二百二十日《にひゃくはつか》】

雑節の「二百十日」と同様、台風に注意する目安とされる日。

《季節の行事》

【月見】

旧暦八月十五日（新暦では九月中旬～十月初旬）は、中秋の名月を愛でる「十五夜」の日。

十五夜は秋の実りに祈りを捧げる行事でもあり、古くは里芋を供えたため、この日の月を「芋名月」とも呼ぶ。また、月見団子の隣にススキを供えるのは、月神の依代《よりしろ》とするためだとか。

この日の月が雲に覆われて見えないことを「無月《むげつ》」と呼び、さらに雨が降ると

「お優しいのね。でもあたし、殿方の言葉がどこか信用できなくて」

——どうして？

「昔、たぶらかされた気がするもので」

——どういうこと？

「あたし、とある女の悲恋にまつわる花でして。ずいぶん古い話ですけど」

　平安の頃、山城の国、男山《おとこやま》の麓《ふもと》に小野頼風《おののよりかぜ》という男がいた。頼風は京の都に出府して、とある女と恋に落ちたが、しばし故郷へ戻ることになる。一方の女は京で頼風の帰りを待ったが、彼はなかなか帰らない。そこで男山へ頼風を訪ねると、そこには別の女がいたという。

——なるほど。頼風め、やるものだ。

「待っていて欲しい、と言ったのに」

——それで、京の女は？

「男の心変わりを嘆いて、入水《じゅすい》しました。その時、女が脱ぎ捨てた山吹色の衣が花になったと」

——それがつまり、オミナエシ？

「そう伝わっておりますの。ねぇ、あなた。男に心変わりするなと言うのは欲張りかしら？　ねぇ、あなた」

　秋の花野にすらりと伸びる、柳腰。楚々とした姿の花は、物思いでもするかのように、月下の風にゆらり揺らめく。


オミナエシ科。日当たりのいい山野に生える多年草。茎は一メートル近く伸びて直立する。初秋に茎の上部で分枝して、黄色の小花を密集させる。原産地はシベリアから東アジア。十五夜の月見にも飾られ、いけばなの花材にも。

「雨月《うげつ》」と呼ぶ。

《季節の言葉》
【待宵《まつよい》】
　旧暦八月十四日の宵と、その月を表す季語。十五夜の前座のような扱いとなる。
〈名句鑑賞〉
　待宵に月見る處定めけり
（正岡子規）

《時候の挨拶用語》
【竹春《ちくしゅん》】
　タケノコの出る春、栄養を奪われていたタケが、秋に勢いを取り戻すこと。
〈例〉
　若竹色がみずみずしい、竹春の候。

秋分《しゅうぶん》

太陽が真東から昇って真西に沈み、
春分と同じく、
昼夜の長さが等しくなる頃。
新暦では九月二十三日頃からの約十五日間にあたる。
秋の夜長を感じられるようになる時季。

この時季を、七十二候で表すと——

《第四十六候》
雷乃収声《かみなりすなわちこえをおさむ》　九月二十三日〜二十七日頃
雷や夕立が収まり、秋の空に変わり始める頃。

《第四十七候》
蟄虫坏戸《むしかくれてとをふさぐ》　九月二十八日〜十月二日頃
虫が冬ごもりの支度を始める頃。

《第四十八候》
水始涸《みずはじめてかる》　十月三日〜七日頃
田んぼの水を抜き、稲の収穫に備える頃。

この時季の花
キンモクセイ

《雑節》

【彼岸（秋）】
秋分の日を中日に、前後三日ずつの七日間を指す。春の彼岸と同様に、墓参りや法要を行う。
秋彼岸の頃に花の盛りを迎えるのが、ヒガンバナ。その鱗茎《りんけい》（球根）は有毒で、動物を忌避させる働きがあるとして、墓地周辺にもよく植えられた。毎年決まって秋の彼岸に顔を出す、律儀な墓守ともいえる。

【社日《しゃにち》（秋）】
秋分の日に最も近い戊《つちのえ》の日は、秋の社日。春の社日（十六頁参照）に山から降りてきた田の神が、収穫を見届けて山に帰る日とも言われ、餅をついて祭るならわしがある。

《季節の行事》

【虫選《むしえらび》】
平安時代、殿上人《てんじょうびと》などが

やもめの男。

草むらで虫たちが鳴き交わし、蛇は冬眠しようか惑う、秋分の頃。いたるところでかぐわしい香りを漂わせるのは、キンモクセイだ。

「いかがですか、このリッチな香り」

——うむ。相も変わらず、濃厚な。

「ご批判ですか？」

——押しが強過ぎる気も。

「春先のジンチョウゲ、そして初夏のクチナシ。わたくし、これらに比肩する名香花とも謳《うた》われる身なのですけど」

——確かに、どれも香りが濃いな。して、その香りで虫を呼ぶのか？

「いえ、虫はどうでもよろしくて」

——繁殖に必要ないと？

「どの道、実は結べませんから」

——世捨て人みたいな口調だな。一体、どういうことだ。

「この花粉を受けて、結実してくれる相手がいないということです」

キンモクセイは、雄花と雌花をそれぞれ別の株に咲かせる、雌雄異株《しゆういしゅ》という性質を持つ。結実するには、雄花の花粉を、雌花が受粉する必要がある。ところが日本には、このうちの雄花を咲かせる雄株しかなく、結実することはないというのが通説なのだ。

——つまり、嫁の来手《きて》がないと？

「いうなれば。こういうの、男やもめと言うんですかね？」

——まぁ、広義においては。

「やはり印象、悪いでしょうか？」

——男やもめに蛆《うじ》がわく、とも言うからな。

京の近郊の嵯峨野《さがの》や鳥辺野《とりべの》に出て、草むらに集《すだ》くマツムシやスズムシを採り、かごに入れて宮中に奉ったこと。また、それらの虫の姿や鳴き声を競い合うことは「虫合わせ」と呼ばれた。『源氏物語』の「野分」の帖でも、虫をかごに入れて飼っている様子が描かれる。

時代が下って江戸時代になると、虫のたくさんいそうなところへ行って、その声を聞く「虫聞《むしきき》」が行われたそう。江戸の町には、夏頃から、市松格子の屋台に虫かごをいっぱいに乗せた虫売りが現れ、虫の音を聞くのは庶民の娯楽であったとか。

そのせいか、虫の名がつく秋の季語は数多い。たくさんの虫が鳴き立てる様を称して「虫時雨《むししぐれ》」。暗闇に虫の声だけ聞こえ、闇が一層暗く感じられることは「虫の闇」。秋深まって、昼も鳴く虫を指しては「昼の

「万年床的《まんねんどこ》な？」

——洗われない茶碗的な。しかし相手が不在なら、繁殖も万策尽きるか。

「いいえ、まだ切り札がありまして。枝を切り、土に挿してもらえれば、やがて根を出し、見事増えてみせましょう。これを挿《さ》し木《き》と申します」

——なるほど。植物には、その手があるからな。

「人間はそんな増え方、しませんか？」

——今のところは。

「それはお気の毒で。ただ、わたしも植える際、ご注意いただきたい旨が」

——なんでしょう。

「是非とも、空気の澄んだ場所に植えていただきとうございます」

——また、漠とした希望だな。一応、わけを聞くが、なぜだ。

「実はわたくし、大気汚染には弱い質《たち》でして。空気が悪くて葉が汚れると、花芽がつかなかったり、自慢の香りが弱くなったりいたします」

——街路樹の定番なのに？

「よろしく、お見知り置きを」

交際の相手不在の男やもめに、思いもよらぬ潔癖の顔。複雑な事情が交差しながら、この世は回る。

モクセイ科。中国原産の常緑木。秋に芳香のあるオレンジ色の小さな花を咲かせるが、雨風などで散りやすい。日本には江戸時代初期頃、渡来したといわれる。やや寒さに弱いとされ、地植えは東北以南が一般的。

虫」。晩秋に、声が弱まってきた虫の様子は「残る虫」となる。

《季節の言葉》
【穴惑《あなまど》い】
蛇が秋彼岸を過ぎても冬眠しない様。
〈名句鑑賞〉
金色の尾を見られつ、穴惑ふ（竹下しづの女）

《時候の挨拶用語》
【雨冷《あまび》え】
しとしとと降る秋の長雨で冷気を覚えること。
〈例〉
雨冷えの季節、くれぐれもご自愛ください。

寒露《かんろ》

草木に降りる露が、冷たく感じられる頃。
秋が深まり、朝晩の冷え込みが
はっきりと体感される。
新暦では十月八日頃からの約十五日間にあたり、
野山は晩秋の彩りを帯び始める。

この時季を、七十二候で表すと——

《第四十九候》
鴻雁来《こうがんきたる》　十月八日～十二日頃
渡り鳥のガンが、北方から飛来する頃。

《第五十候》
菊花開《きくのはなひらく》　十月十三日～十七日頃
キクの花が咲き始める頃。

《第五十一候》
蟋蟀在戸《きりぎりすとにあり》　十月十八日～二十二日頃
秋の夜長に、コオロギなどが戸口で鳴き始める頃。

この時季の花
トリカブト

《季節の行事》
【十三夜《じゅうさんや》】
旧暦九月十三日（新暦では十月中旬～十一月上旬）は、十三夜。十五夜と同様に月見を楽しむ習慣で、江戸時代には、十五夜の月を見て十三夜の月を見ないことは、「片見月《かたみつき》（片月見《かたつきみ》）」と呼んで忌み嫌ったそう。十五夜に他家に呼ばれてもてなされたら、十三夜にもやはり同じ家を訪れて、再び馳走になる習慣があったのだとか。
十三夜の月は十五夜のひと月後であることから、「後《のち》の月」とも呼ばれ、豆や栗を供えたことから「豆名月」「栗名月」とも。また、十五夜と十三夜をあわせて「二夜《ふたよ》の月」と称する。なお、十三夜の月は満月にはすこし欠ける形で、「十三夜月《じゅうさんやづき》」と呼ばれる。
また、十五夜の翌日以降の月にも異称がある。例え

毒のある女。

空に鰯雲《いわしぐも》のさざ波が立ち、つるべ落としで暮れ急ぐ、夜長の季節。そんな頃、咲いているのはトリカブトの花である。毒草としても、広くその名を知られた植物だ。

「あなた、ネガティブなご紹介をなさるのね」

——毒の印象が強過ぎて。異国の神話にも、冥界の番犬ケルベロスのよだれから生じた花、とあるくらいで。

「どうしたら、そんな妙な犬のよだれからあたしが咲くというのよ。非科学的な妄想はよしてちょうだい。失敬ね」

——でも、毒はあるんでしょ？

「あったとしても、口にする方が悪くはなくて？　あたし、この身をご賞味いただくつもりは毛頭なくてよ」

——それは一理あるな。ところでこの花はまた、ずいぶんと変わった形で。

「素敵でしょ。よく、舞楽の装束で頭にかぶる、鳥兜《とりかぶと》という冠に似ていると言われるの」

——なるほど、それが謂《いわ》れか。

「あたし自身も、花に冠をかぶせたような格好ですし」

——どういうこと？

「この紫色の冠は花びらじゃなく、萼《がく》なのよ。真の花びらはこの中に」

トリカブトの花のつくりは複雑で、花弁は萼の長い冠に包まれて、外からは見られない。花弁は袋状で、冠の頂部まで伸びた後、折り返すようにすこし垂れ、そこに蜜が貯まる仕組みだ。そのため、ハナバチなどの長い口吻《こうふん》を持つ虫だけ

ば翌日は、月の出が十五夜の宵より遅く、いざよう（ためらう）ように見えるので「十六夜《いざよい》」。十七夜の月は、日没から立ち話をしながら待つ程度で昇ってくるので「立待月《たちまちづき》」。十八夜は、居間に座って待つ頃に昇ってくるため「居待月《いまちづき》」。十九夜は、寝ながら月の出を待つほどなので「寝待月《ねまちづき》」。二十夜は、夜更けに昇ってくるため「更待月《ふけまちづき》」となる。つまり、月の出は日々遅くなるもので、平均すると一日に五十分ほど遅くなるそう。

旧暦は月の満ち欠けで暦を定めたが、先人は現代人よりはるかに敏《さと》い目で月を眺めたであろうことが、こうした異称からもしのばれる。

《季節の味覚》

【新米】

JAS法によれば、新米とは、生産された年の大晦日までに容器に入れられた

が、この蜜にありつける。一方、おしべとめしべは冠の入り口にあるため、蜜を吸おうと懸命に体を伸ばす虫たちは、おのずと送受粉に協力させられるのだ。

——蜜だけ吸うのは許さない、と。

「当然のことですわ。虫の中には、花の外側から穴を開け、蜜だけを吸う不埒《ふらち》な盗人もいるそうですけど」

——ほう、そんな不逞《ふてい》の輩《やから》が。

「でもあたしはそんな真似、断じて許しませんの」

——どうやって防ぐと？

「萼の兜で。この守り、破れるものなら、お手並み拝見いたしますわよ」

——なるほど。毒を一服盛るのかと思いきや。

「毒、毒って、あなた。あたしをどうしても、毒婦に仕立てたいのね」

——でも『四谷怪談』のお岩さんも、附子《ぶし》という毒を盛られたというし。附子って、あなたの根でしょ？

「あの方はお気の毒だったわ」

——本当に。

「でも、あなた。附子は適宜《てきぎ》調製すれば、薬になるのよ。本当よ」

毒にもなれば、薬にもなるその女。秋の野に、紫色の冠が今日も揺らめく。


キンポウゲ科。日本国内に広く分布する多年草。八〜十月頃、枝先に花を咲かせる。高さ八十センチ程度で、野生種、園芸種のいずれも有毒。狩りの毒矢に用いられたこともあるというその毒は、特に根に強く含まれる。

米を指す。やわらかい新米を炊く時は、硬い古米に比べて水をやや少なめにするとよいと言われる。

《季節の言葉》
【鰯雲】
秋空に、さざ波のように見える雲。
〈名句鑑賞〉
鰯雲鰯いよいよ旬に入る
（鈴木真砂女《まさじょ》）

《時候の挨拶用語》
【秋冷《しゅうれい》】
秋になって感じられる冷気のこと。
〈例〉
日ごと秋冷が増してきました。お健やかにお過ごしでしょうか。

霜降《そうこう》

朝夕がぐっと冷え込み、霜が降りる頃。
二十四節気における、秋の最後の節。
新暦では十月二十三日頃からの約十五日間にあたる。
木々の葉が赤や黄色に色づいて、
季節が冬へと、移ろう時季。

この時季を、七十二候で表すと――

《第五十二候》
霜始降《しもはじめてふる》　十月二十三日～二十七日頃
冷え込みが増し、霜が初めて降りる頃。

《第五十三候》
霎時施《こさめときどきふる》　十月二十八日～十一月一日頃
時雨《しぐれ》（秋～冬に間断的に降る小雨）が降る頃。

《第五十四候》
楓蔦黄《もみじつたきばむ》　十一月二日～六日頃
ツタの葉が色づいて、平地でも紅葉が見られる頃。

この時季の花
キク

《季節の行事》
【紅葉狩り《もみじがり》】
晩秋、落葉樹の葉が色づいた景色を眺めに、山野を訪ねること。
「もみじ」は紅葉《こうよう》（黄葉）することや、その葉を指して言う言葉。ベニバナを揉み、紅《あか》く染め出した絹の布「紅絹《もみ》」が語源ともいわれ、紅葉することを「もみいづる」「もみづる」とも。
植物名のモミジは、カエデの一種の園芸上の別称で、主に葉の切れ込みが深いものを指す。ただし植物分類学上は、モミジとカエデは区別されないそう（ともにムクロジ科カエデ属）。
例年、最初にもみいづる木はハゼやヌルデで、これらを指して「初紅葉《はつもみじ》」。葉の色づきがまだ薄ければ「薄紅葉《うすもみじ》」。ウメのもみじは「梅紅葉《うめもみじ》」、カキのもみじは「柿紅葉《かきもみじ》」。サクラのもみじは「桜紅葉《さくらもみじ》」で、なんの木

騙《だま》される男。

野山に霜が降り始め、人々が紅葉狩りへと誘い合う頃、咲きこぼれるのがキクの花。花持ちがよいことから、不老長寿の象徴としても尊ばれる花である。

「おかげで翁草《おきなぐさ》や百夜草《ももよぐさ》、草の主《あるじ》といった異名も賜っておりましてな」

——名からして、ベテランの風格が。

「ところで不老長寿の話をするなら、菊《きく》慈童《じどう》の一件が不可避じゃが、彼のことはご存知で?」

——菊慈童? 不勉強で、初耳です。

「古代中国、周の穆王《ぼくおう》に仕えた童子でしてな。王にも可愛がられておったとか」

——その童子が不老長寿だと?

「いかにも。彼はある時、誤って王の枕をまたいだことで不敬の罪に問われ、人里離れた山へと流された。その深山幽谷《しんざんゆうこく》でキクの葉から滴《したた》る露を口に含んだところ、不老長寿になったのじゃ」

——以後、ずっと童子のままで?

「齢をとろうが紅顔《こうがん》すこしも衰えず、一説によれば七百歳まで生きたとか」

——一応、死ぬには死ぬんだな。

「しかし七百年生きるとは、これいかに」

——なるほど、それも生き地獄か。

「ところが不老長寿を求める人間は、今も後を絶たずじゃ。九月九日の重陽《ちょうよう》の節句には、菊酒《きくざけ》と称して拙花《せっか》から花弁を摘んで、酒に浮かべて飲むなどしよる」

——菊慈童にあやかろうとして?

「おそらくは。秋の訪れを告げんと、勇んで咲いていても、そうむげに摘まれては」

——それは確かに。ところで翁は、どうやって秋の到来を察知するので?

ということもなく、雑木林のもみじなら「雑木紅葉《ぞうきもみじ》」と称される。

また、このように鮮やかに化粧した山を見て「山粧《やまよそお》う」と表したのは、古人の慧眼。

紅葉狩りの名所は全国に数あれど、古来名高いのが、京都の「三尾《さんび》」。これは京都西北、清滝川《きよたきがわ》の流れに沿った、栂尾《とがのお》、槇尾《まきのお》、高尾《たかお》(高雄)の三カ所を指して言う。いずれも地名のお尻に尾の字がつくため、三尾と呼ばれる。

【菊花展・菊人形】

菊花展はキクの盛りの十月から十一月にかけて、各地の神社仏閣などで行われる展覧会。品評会も兼ね、制作者が自慢の菊花を持ち寄るならわし。

同じ頃、キクの花や葉で飾った菊人形も作られる。幕末から明治の頃、江戸本郷の団子坂で盛んに興行さ

「日が短くなれば、そこはおのずと」

　そうか、日照時間か。しかし秋を告げる花の割りに、花屋で年中見かける気が。

「えっ。さ、さようなことは」

――常にあるよ。どうして？

「いや、それはつい騙されて……」

――騙されて？　もっと詳しく。

「つまり、日を遮られると、秋が来たかと勘違いして」

――咲いちゃうの？

「恥ずかしながら」

　秋咲きのキクは日照時間が短くなると花芽をつけ、開花する性質がある。これを日の長い季節に咲かせる場合は、夕方から朝にかけて遮光する。一方、日の短い季節には、電灯照明を当てることで開花を自在に抑制できる。かくしてキクの花は通年、流通するのだ。

「気性を逆手にとって、たぶらかすとは」

――なるほど、人というのは策士だな。

翁には気の毒だけど。

「同情は無用に願いたい。都合良く踊らせておきながら」

　菊酒、仏花と日頃役立つ花ならば、時季を偽ってでも咲かせたい。そんな人の謀略も、高い需要の裏返しと考えて、キクにはどうか溜飲を下げてもらいたい。


キク科。秋咲きのキクのように、日照時間が一定時間より短くなることで花芽を作り、開花する植物のことを短日《たんじつ》植物と呼ぶ。また、夏に咲く種類のキクもあり、これは長日条件でも開花する。

れ、夏目漱石の『三四郎』にも描かれた。

《季節の言葉》
【落鮎《おちあゆ》】
　秋、産卵のため下流へ下る鮎のこと。腹が赤く色づくことから「錆鮎《さびあゆ》」とも。
〈名句鑑賞〉
　鮎落ちてたき火ゆかしき宇治の里（蕪村）

《時候の挨拶用語》
【笑《え》み栗《ぐり》】
　熟して毬《いが》が開いた栗のこと。
〈例〉
　笑み栗を見かけることも増えてきた、暮秋《ぼしゅう》のみぎり。

～コラム・その三～

季節の言葉の、落穂を拾う。

二十四ある本編の紙幅から、こぼれた季節の言葉を拾い集めて、四季ごとに。

《春の巻》

春先に、ごく薄く張る氷のことを【薄氷《うすらい》】と呼ぶ。同じ頃、まだらに残った雪の景色は【はだら雪】。早春の、最後に降る雪のことなら【雪《ゆき》の果《はて》】。春に吹く北寄りの風は【春北風《はるきた》】と言い、山々の木々が芽吹いて明るい様子を【山笑《やまわら》う】。菜の花の咲く頃に降る長雨は【菜種梅雨《なたねづゆ》】。雁《かり》などが北へ飛び去る頃の曇りは【鳥曇《とりぐもり》】、桜が咲く頃、曇った空は【花曇《はなぐもり》】。花見へと出かける時の女性の晴れ着は【花衣《はなごろも》】。桜の花がおいとまし、花びらが散り敷く様は【花筵《はなむしろ》】。春がいよいよ終わる頃、惜しんで言うのは【春惜《はるお》しむ】。

《夏の巻》

その年に初めて聞いたカエルの声は【初蛙《はつかわず》】。新緑の季節を指して【若葉時《わかばどき》】。春過ぎて鳴くウグイスは【老鶯《ろうおう》】で、木々で葉が茂り重なることを【結葉《むすびば》】と言う。卯《う》の花（ウツギ）を、腐らせそうな長雨ならば【卯《う》の花腐《はなくた》し】。五月雨の闇夜を指して【五月闇《さつきやみ》】。田植えの済んだ田んぼのことは【早苗田《さなえだ》】と言い、稲が育った頃合いに、風に揺られる様子を指して【青田波《あおたなみ》】。蝉たちが「我《わが》が我《わが》が」と鳴き立てるのは【蝉時雨《せみしぐれ》】。入道雲は【雲の峰《みね》】とも称されて、晩夏となれば【夏の果《はて》】。

《秋の巻》

秋になり、弱く漂う蚊を指して【後《おく》れ蚊《か》】と言い、同じ頃、お役御免となるのが【秋の蚊帳《かや》】。秋花が咲き競う夕暮れの野は【夕花野《ゆうはなの》】。五穀豊かに実った秋は【豊《とよ》の秋】。黄金《こがね》の稲田に群がる雀は【稲雀《いなすずめ》】。月が出る直前の、ほの明るさを【月代《つきしろ》（月白）】と言い、三日月を示す言葉は【月の眉】。月見の客は【月の客】、そこで飲む、秋の新酒は【新走《あらばし》り】。寒くなり、草木の葉先が枯れた野原は【末枯野《うらがれの》】。行く秋を見送る頃を指して言うのが【冬隣《ふゆどなり》】。

《冬の巻》

初冬のみぎり、春に似た日和を指すのが【小春日和《こはるびより》】で、そんな折、季節外れに乱れ咲くのが【帰《かえ》り花《ばな》】。厳冬を耐え抜く蝶は【凍蝶《いてちょう》】で、山々が木の葉を落とした様子を称して【山眠る】。その年に、初めて張った氷のことは【初氷《はつごおり》】、つららの異名は【銀竹《ぎんちく》】と言う。寒々とした冬の影は【寒影《かんえい》】で、【木《こ》の葉髪《はがみ》】とは、この時季の抜け毛の異称。師走もまさに押し迫り、【年《とし》の峠《とうげ》】を越えた後、元日の朝焼けを指して【初茜《はつあかね》】。寒空にちらちらと舞う小雪《こゆき》のことは【風花《かざはな》】と言い、立春を間近に控えた頃を例えて【明日《あす》の春】。

かくして一年、ひと巡り。

冬

立冬 第五十五候 山茶始開《つばきはじめてひらく》
第五十六候 地始凍《ちはじめてこおる》
第五十七候 金盞香《きんせんかさく》

小雪 第五十八候 虹蔵不見《にじかくれてみえず》
第五十九候 朔風払葉《きたかぜこのはをはらう》
第六十候 橘始黄《たちばなはじめてきばむ》

大雪 第六十一候 閉塞成冬《そらさむくふゆとなる》
第六十二候 熊蟄穴《くまあなにこもる》
第六十三候 鱖魚群《さけのうおむらがる》

冬至 第六十四候 乃東生《なつかれくさしょうず》
第六十五候 麋角解《おおしかつのおつる》
第六十六候 雪下出麦《ゆきわたりてむぎいずる》

小寒 第六十七候 芹乃栄《せりすなわちさかう》
第六十八候 水泉動《しみずあたたかをふくむ》
第六十九候 雉始雊《きじはじめてなく》

大寒 第七十候 款冬華《ふきのはなさく》
第七十一候 水沢腹堅《さわみずこおりつめる》
第七十二候 雞始乳《にわとりはじめてとやにつく》

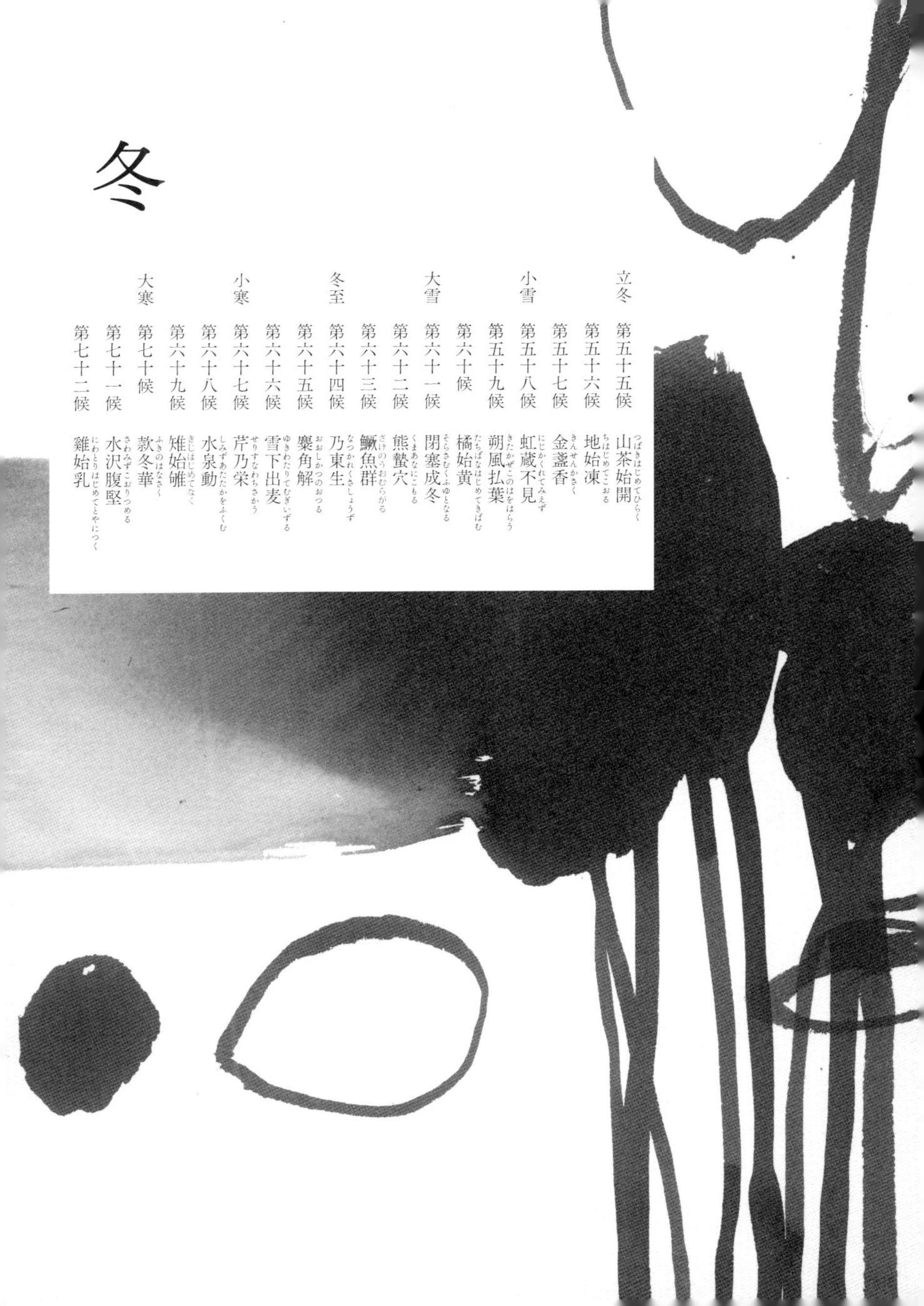

立冬《りっとう》

暦の上での冬の始まり。
日差しは徐々に弱まって、日脚もひときわ短くなる頃。
新暦では十一月七日頃からの約十五日間にあたり、
北国からは初雪の便りも届く。
平地でも木枯らしが吹き、木々は冬枯れの様相となる。

この時季を、七十二候で表すと――

《第五十五候》
山茶始開《つばきはじめてひらく》　十一月七日～十一日頃
サザンカが咲く頃（山茶はツバキの漢名だが、この頃咲くのは近縁のサザンカ）。

《第五十六候》
地始凍《ちはじめてこおる》　十一月十二日～十六日頃
夜間の気温が低くなり、地が凍り始める頃。

《第五十七候》
金盞香《きんせんかさく》　十一月十七日～二十一日頃
スイセン（金盞）が咲き始め、爽やかな香りを漂わせる頃。

この時季の花
ヒイラギ

《季節の行事》
【酉《とり》の市《いち》】

十一月の酉の日に、各地の鷲《おおとり》神社で行われる祭礼のこと。開運、商売繁盛を願って参詣し、熊手を買うのがならわしで、「お酉さま」「酉の町」の名でも親しまれる。

東京・足立区の大鷲《おおとり》神社、台東区の鷲神社は、江戸時代から酉の市が立ち、賑わったことで有名。

なお、後者の近所にあった吉原妓楼《ぎろう》では、この日を特別祝いの紋日《もんび》とし、誰でも自由に廓《くるわ》に出入りさせたという。浮世絵師・歌川広重の『名所江戸百景』には、参詣のため田んぼのあぜ道に並ぶ人々を、遊女の部屋から窓ごしに小さく描いた「浅草田圃《あさくさたんぼ》酉《とり》の町詣《まちもうで》」がある。

酉の日は十二日ごとに巡ってくるため、十一月に二度の年と、三度の年がある。酉の日の祭礼をそれぞれ、一の酉、二の酉、三の

丸くなる女。

暦の上では秋から冬へ季節が進み、北国からは初雪の便りも届き始める、立冬の頃。人が炬燵《こたつ》で丸くなる中、トゲをまとった葉の脇で、やや地味な花を咲かせるのはヒイラギだ。

「地味な花とは、お言葉ね」

――これはとんだご無礼を。ヒイラギの花なんて、初めて見たもので。

「この小体《こてい》な花が寄り添って咲くのが、趣深いところじゃないの。もののあわれというものを、あなたご存知？」

――もの言いがとげとげしいな。ところでこの花の咲き方は、どこかキンモクセイに似ているような。

「あぁ、あれは同じ科の親戚だから」

――なるほど、それで。花の香りも、負けず劣らず甘やかかで。

「あら、どうも。おかげでアブが次から次にやって来て。そら、また一匹」

――本当だ。それにしても、この葉のトゲはお見事な。

「試しに触ってごらんなさいな」

――どれどれ。痛っ！　これは本格的に痛いじゃないか。ひりひりするぞ。

「鬼も退散するほどだもの」

――そうか、節分の日にこの枝を飾るならわしがあるもんな。

「あたし、古くから魔除けにされておりまして。ちなみにひりひり痛むことを、古語で『ひいらぐ』と言うけれど」

――あ、それが名前の由来？

「ご明察。でもこのトゲがあるうちは、あたしも未熟」

――どういう意味？

酉と数え、三の酉まである年は、火事が多いという説も。

【炬燵開き】

この時季に恋しくなるのが炬燵だが、江戸時代には、炉《ろ》や炬燵を使い始める日が決まっていたそう。

まず武家が旧暦十月（亥《い》の月）の、最初の亥の日（新暦の十一月中旬頃）に炉開きをし、町人は同月二度目の亥の日に、炬燵開きをしたのがならわし。

「亥」は五行思想で水にあたるため、火事にならないよう縁起を担いだ風習だという。なお、亥の日も前述の酉の日同様、十二日ごとに巡るため、町人は武家より十二日間、寒さに震えたことになる。

炬燵に一度入ると腰が重くなるのは、今昔を問わず人の常であるらしく、夏目漱石はこう詠んだ。

応々と取次に出ぬ火燵哉《こたつかな》

「あたしもっと成長すれば、いずれ葉のトゲがなくなるの」

ヒイラギは老木になり、樹高が高くなるにつれ、その葉にトゲ状の鋸歯《きょし》をつけなくなるという。鋸歯は草食動物からの食害を防ぐのに有用だが、動物の口が届かない高所になると、そうした備えも不要になるため、葉が丸くなるというのが目下、有力な説なのだ。

――ほほう。齢を重ねて丸くなる、と。

「あなたがたも一緒でしょ？　若いうちは、とかく尖《とが》るものだけど」

――理由もなく反抗したり、触るものみな傷つけたり。

「あら、あたしには尖る理由があってよ。食べられたら困るもの」

――そうだった。しかしこの鋭いトゲで口を刺すとは、無慈悲というか。

「批判はよして。よそ様を無許可で食べる方が悪いのよ」

――まぁ、それは正論だけど。

「目には目を、が世の常でしょう。あたし無法者には絶望的な痛みを与え、二度と再び食べたらだめと教えてやるの」

ヒイラギの葉も人間も、肩肘張らず丸くなるには時間がかかる。それもまた世の常なのだ。

モクセイ科。高さ三メートルほどになる常緑小高木で、雌雄異株。白く細い花が集まって咲き、花期は十〜十二月頃。「柊《ひいらぎ》の花」として初冬の季語に。雌株の花は受粉すると結実し、翌年初夏に紫黒色の実が熟す。

《季節の言葉》

【木守柿《きもりがき》】

収穫を終えた後、翌年もよく実るように祈って、梢に残した柿を指す。鳥へのおすそ分けともいわれる。

〈名句鑑賞〉

染の野は枯に朱をうつ木守柿（森澄雄）

《時候の挨拶用語》

【黄落《こうらく》】

木の葉や果実が黄色く色づき、落ちること。

〈例〉

黄落しきりのこの頃ですが、お変わりなくお過ごしですか。

小雪《しょうせつ》

冷たい雨が雪に変わり始める頃。
とはいえ、北国以外ではまだ小雪がちらちらと舞う程度。
新暦では十一月二十二日頃からの約十五日間にあたる。
師走の声も聞こえ始めて、
年賀欠礼の挨拶をするならこの頃に。

この時季を、七十二候で表すと——

《第五十八候》
虹蔵不見《にじかくれてみえず》　十一月二十二日～二十六日頃
空気が乾燥して、空に虹が見られなくなる頃。

《第五十九候》
朔風払葉《きたかぜこのはをはらう》　十一月二十七日～十二月一日頃
乾いた北風（朔風）が、枯葉を吹き払う頃。

《第六十候》
橘始黄《たちばなはじめてきばむ》　十二月二日～六日頃
タチバナ（食用柑橘類の総称とも）の実が、黄色く色づく頃。

ユズ

この時季の植物

《季節の行事》

【新嘗祭《にいなめさい》】

十一月二十三日に、宮中で行われる祭事。一年の収穫に感謝し、天皇が新穀を天地の神に捧げるならわしで、天皇の即位後、初めて行われる時は「大嘗祭《だいじょうさい》」と呼ばれる。

古くは旧暦十一月の第二の卯《う》の日に行われたが、明治六年（一八七三）以降、十一月二十三日に定められた。これは、明治六年十一月の第二の卯の日が二十三日だったから。昭和二十三年（一九四八）から、この日は勤労感謝の日にもなった。

【お歳暮】

もともとは、新年を迎えるにあたって、祖先の霊に供物をした行事とされる。現在はお世話になった人に、十二月初旬から二十日頃を目安に贈ることが多い。時

手のかかる女。

木枯らしが木々の枯葉を吹き払い、散り敷く落ち葉を時雨《しぐれ》が叩く、初冬のみぎり。初夏にこしらえた青い実を、黄色く染めているのはユズである。

「ほかは皆さん、花の時季にお目見えなのに、あたしだけ実でよろしくて？」

――いいんです。時あたかも柑橘の実が色づく時候のさなかですから。

「そうでしたわね。そろそろ、お鍋が恋しい季節ではございませんの？」

――まさに、あなたの香気を拝借したいところです。

「どうぞお搾りくださいな。つまらないものですけれど」

――それにしても、この実の香りはかぐわしい。

「ありがとう存じます。ですけど、花も葉も、同じ香りがしましてよ」

――そうなの？

「よければ一葉《いちよう》、お摘みください」

――では、失敬して。……本当だ！

「ね、おぼろげに香りますでしょ？」

ユズの香りは揮発性の精油にもとづいており、それは油胞《ゆほう》という組織に貯められている。そして油胞は葉や花にも散在するため、同じく香るという寸法だ。なお、果皮に見られる凹凸は、油胞の膨らみが作り出すもの。つまりユズの実は、搾られて果皮の油胞が傷つくことで、香りを一層強く放つのだ。

「この実を半分に切った時でも、切り口を上にして搾っていただけば、果汁が果皮を滴《したた》って、一層香るはずですわ。是非、お試しを」

期を逸した場合は、年明けに「お年賀」あるいは「寒中御伺」として贈る。

目上の人に贈る場合は、「踏みつける」ことになる履物類、「勤勉の奨励」にあたる筆記具は避けるのが無難とも。

《季節の味覚》

【鍋】

冬といえば鍋料理。具を寄せ集めた「寄鍋」に、魚介の「ちり鍋」「鯨《くじら》鍋」、「丸鍋《まるなべ》」の異名があるのは「鼈《すっぽん》鍋」で、「石狩鍋」は鮭の鍋。魚醤で煮たのは「塩汁《しょっつる》鍋」で、吊るし切るのが「鮟鱇《あんこう》鍋」。山の方から具を取れば、鹿を煮込んだ「紅葉《もみじ》鍋」、馬の肉なら「桜鍋」、「牡丹鍋」とは猪の鍋。以上、いずれも冬の季語。

《季節の言葉》

【時雨】

初冬の通り雨を指す言葉。朝に降るのは「朝時雨《あさしぐれ》」、

――果皮を下に、か。いいことを聞いた。

ところでこの葉は、よくアゲハチョウの幼虫に食べられているけれど。

「ええ。あの子たち、あたしがいくら太いトゲを生やして防衛しても、お構いなしで」

――無遠慮に葉を食《は》む、と。

「不埒《ふらち》な子です。あたし、ただでさえ成長がゆっくりなのに、困ります」

――そういえば「桃栗三年柿八年柚子《ゆず》の大馬鹿十八年」と謳《うた》われるとか。

「あたし、大馬鹿って言われておりますの？」

――あ……。いや、これはなんとも心ない表現で。

「いいんです。あたし実ができるまで、長年お待たせしますもの。あげく、一年ごとに豊作と不作を繰り返したり」

――そうなの？

「ええ。あたし、手のかかる女ですわね。長年のご恩に報いたいと、気持ちばかりは一生懸命なんですけれど。不甲斐ないことで、あいすいません」

お鍋に添える、冬の佳香《かこう》は一夕にしてならぬもの。そのお福分けにあずかるために、人は千年もの昔から、その実を丹精し続ける。


ミカン科。古くより薬用、香料、礼祭の供物などに用いられる。成長に時間がかかるため、多くは接ぎ木で育てられる。毎年ある程度の果実を結実させるには、適度な摘果が必要。摘果した青ユズは調理などに活用できる。


夕に降るのは「夕時雨《ゆうしぐれ》」、夜に降るのが「小夜時雨《さよしぐれ》」。時雨の降りそうな雲行きや、涙の出そうな気持ちのことは「時雨心地《しぐれごこち》」と描写する。

〈名句鑑賞〉

柚落ちて明るき土や夕時雨（芥川龍之介）

《時候の挨拶用語》

【冬紅葉《ふゆもみじ》】

散り遅れて枝に残る紅葉を指す。

〈例〉

わずかに残った冬紅葉に、情趣を感じる今日この頃。

大雪《たいせつ》

日本海側などでは、
雪が本格的に降り始める頃。
太平洋側でも冷たい北風が吹き、いよいよ冬も本番。
新暦では十二月七日頃からの約十五日間にあたり、
師走の慌ただしさも増してくる。

この時季を、七十二候で表すと——

《第六十一候》
閉塞成冬《そらさむくふゆとなる》　十二月七日～十一日頃
厚い雲が空を覆って天地の気が塞《ふさ》がれ、本格的な冬が到来する頃。

《第六十二候》
熊蟄穴《くまあなにこもる》　十二月十二日～十六日頃
熊が冬眠するため、巣穴にこもる頃。

《第六十三候》
鱖魚群《さけのうおむらがる》　十二月十七日～二十一日頃
サケが群れをなして、川を遡る頃。

この時季の花
ヒメキンセンカ

《季節の行事》
【正月事始め《しょうがつことはじめ》】

十二月十三日は、正月の準備に取り掛かる正月事始め。江戸時代、京都の御所や江戸城では、この日にすす払いが行われ、庶民もそれに倣《なら》ったそう。

同じ日に門松の飾り木を採りに山へと向かうのは、「松迎え」と呼ばれる行事。江戸城のすす払いでは女中が活躍したそうだが、松迎えは各地域の男の仕事で、主に新年の年男が担う役目だったとか。かくして年神様を迎える準備が、この日を境に進められる。

また、京都・祇園などの花街《かがい》ではこの日、舞妓《まいこ》や芸妓《げいこ》がお世話になっているお茶屋や踊りの師匠を訪ね、一年のお礼と新年に向けた挨拶を行う。「おめでとうさんどす」の挨拶に、師匠らは「おきばりやす」と応え、「お忙しいですね」と

耐え忍ぶ男。

熊が冬ごもりの支度を始め、人々は枯木の隙間に星を眺める大雪の頃。花の少ないこの時季に、鮮やかな黄色の花を開くのは、ヒメキンセンカだ。

「なんですな、やはりこの霜柱がいかんのでしょうな」

――と、おっしゃいますと？

「いや、ほかの花にとって、これはひとしお、こたえましょうから。ズンと痺《しび》れる冷えとでも申しますかな」

――痺れますか。

「痺れますな。これにやられて、皆、枯れていきますからな。一朝《いっちょう》ことあらば、総倒れの勢いで」

――ほかが軒並み、みまかる中で、あなたはひとりご健勝で？

「私はことのほか、寒さに強い質《たち》でして。誰しもひとつは取り柄がある、というものですわ」

――花は小さく、地味なれど。

「お言葉ですな。ですがこの時季に咲けばこそ、人や虫からご愛顧いただくこともある。花ならいっそ、春や夏に咲けばいい。そんな右へならえの気持ちではあなた、大事はならんのですぞ」

ヒメキンセンカは耐寒性が極めて高く、零下十度にも耐えるという。そのため、「冬しらず」の名でも知られる。ほかの花が冬枯れする中、よく分枝して花を次々咲かせ、結実率もすこぶる高い。そしてそのこぼれ種で、やがて群生地を作り出すのだ。

――なるほど。寒さを耐え忍んでこその成果もある、と。

いう意味の「おことう（お事多）さんどす」の言葉も飛び交う。

この日、舞妓や芸妓は師匠に「事始めの餅」と称される鏡餅を贈り、師匠からはご祝儀に舞扇《まいおうぎ》が贈られる。

【羽子板市】

正月遊びの羽根つきは、邪気をはねのけるともいわれ、羽子板を売る市は歳末の風物詩。東京・浅草の浅草寺では十二月十七日から十九日まで、境内にずらりと店が出て、歌舞伎の場面などを描いた伝統的な押し絵羽子板や、世相を反映した変わり羽子板が並ぶ。

《季節の言葉》

【冬ごもり】

熊同様、人も冬の間は家にこもることが多くなることを指して言う。

冬を表す言葉にも多々あって、冬の初めは「浅き冬」、真ん中頃は「冬最中《ふゆもなか》」、

「さよう。『忍《にん》の一字《いちじ》は衆妙《しゅうみょう》の門《もん》』と言いますからな。耐えることがすなわち、成功のもとということです」

――勉強になります。ところで、なぜ名前にヒメがつくので？

「花が小ぶりだからでしょうな」

――あの、よく仏花にもされる、いわゆるキンセンカと比べて？

「さよう。あれは私の親戚ですが、キンセンカとは本来、私を指す名でしてな。キンセンは金の盞《せん》、つまり金の盃の意味。私のこの花を例えたもので」

――それがなぜ、あちらの名に？

「あれは江戸時代でしたかな。私よりはるかに遅れて渡来した、奴めの花が大きくて、人目を引いたからでしょう。以来、私はヒメキンセンカと。まったく、思い返すだに忌々《いまいま》しい」

――つまり後進の親戚に、名前を禅譲させられたと？

「有無を言わさず。しかしそんな話がありますか、君。え？　大体、私が先に渡来してだね、愛玩されとったのに」

汲めども尽きぬ、怒りの泉。この世には、耐え難く、忍び難いこともある。黄色い顔の小さな男はそう言って、今日も今日とて霜に抗《あらが》う。

キク科。地中海沿岸原産の一年草。十一月頃から春先にかけて順次開花し、花は日が当たると開き、陰ると閉じる習性がある。学名の「カレンデュラ」の名でも流通し、「ホンキンセンカ」とも呼ばれる。

終わりになれば「冬の限り」で、厳しい寒さは「冬帝《とうてい》」あるいは「冬将軍」と擬人化される。荒れさびれた冬の景色を「冬ざれ」と言い、風がなく穏やかな冬の海を「冬凪《ふゆなぎ》」と呼ぶ。日の当たる場は「冬日向《ふゆひなた》」、その晴天を指して「冬麗《ふゆうらら》」。そしてやがては春となる。

〈名句鑑賞〉

人間の海鼠《なまこ》となりて冬籠《こも》る（寺田寅彦）

《時候の挨拶用語》

【枯木星《かれきぼし》】

枯木の枝越しに見える星のこと。

〈例〉

枯木星を眺める時季になりました。

冬至《とうじ》

一年で最も昼が短く、夜が長い頃。
新暦では十二月二十二日頃からの約十五日間にあたる。
この期間の最初の日を特に冬至と呼び、
太陽の力が復活する日とも考えられる。
そのため「一陽来復《いちようらいふく》」とも呼ばれる。

この時季を、七十二候で表すと――

《第六十四候》
乃東生《なつかれくさしょうず》　十二月二十二日～二十六日頃
冬枯れの中、ウツボグサ（乃東）が芽を出し始める頃。

《第六十五候》
麋角解《おおしかつのおつる》　十二月二十七日～三十一日頃
春に生え、冬に落ちるオオシカの角が落ちる頃。

《第六十六候》
雪下出麦《ゆきわたりてむぎいずる》　一月一日～五日頃
積もった雪の下で、秋に蒔いた麦が芽を出す頃。

この時季の花
スイセン

《季節の行事》
【柚子湯《ゆずゆ》】
冬至の日、ユズの実を風呂に浮かべて入浴する柚子湯。端午の節句の菖蒲湯などと同様に、厄をはらう禊《みそぎ》の意味で行われたのが由来とされる。また、ユズは結実するまでに長い月日がかかるため、長年の苦労が実るよう、願いを込める意味もあるのだとか。
ちなみに昨今では、ユズの精油に含まれるテルペン化合物という成分に、血行を良くさせる働きがあることが科学的に証明されている。

【除夜の鐘】
除夜とは旧年をはらい除く夜の意味で、大晦日の晩のこと。十二月は「除月《じょげつ》」、大晦日を「除日《じょじつ》」とも言う。
除夜の鐘は、人間の百八つの煩悩を洗い清めるため、その数だけ撞かれるという

化身の女。

一陽来復の冬至の頃に、爽やかな香りで趣を添えるのはスイセンだ。花の少ない真冬にあって、正月飾りとしても重宝される花である。白い花弁の真ん中に、黄色い杯を置いたかのような姿が、ひときわ目を引く。

「杯とは、よいお見立てです。わたくし中国では、金盞銀台《きんせんぎんだい》という名で呼ばれておりますので」

――それはつまり、「金の杯、銀の台」という意味？

「おっしゃる通り。白い花弁を、銀の台に見立てていただきまして」

――それはまた雅《みやび》やかな。

「新年に向け、福が舞い込みそうでございましょう？」

――まったくもって。そしてその金杯で、おしべやめしべを包み守る、と。さぞや、お子もできましょう。

「それがわたくし、そちらの方はからきしで。ついぞタネができた記憶がございません」

越前や房州をはじめ、日本の海岸などに古くから群生するスイセンは、ニホンズイセンと呼ばれ、中国を経て伝わったとされる。ニホンズイセンは、地中海沿岸地域に自生するフサザキスイセンの亜種で、なぜだか種子ができない性質があるという。

――しかし、それでは絶えてしまうじゃないですか。

「ですから、球根を分裂させて」

――あぁ、なるほど。そうして増えると。人間というのはなかなか、そうした考え

のが定説だが、一年十二カ月の十二、二十四節気の二十四、七十二候の七十二を足すと百八になるため、それで一年を表すという説も。

【若水汲《わかみずく》み】

元日の朝、初めに水を汲むことを指す。まだ暗いうちに汲みに行き、人と会っても口を利かないのが古来の習慣。若水は神棚に供え、年神様への供物、元旦の煮炊きなどに使われる。

若水を沸かすことを、新年初の煮炊きを祝して「福《ふく》沸《わかし》」と言う。その湯で淹《い》れる茶が、「福茶《ふくちゃ》」。煎茶の中に梅干し、山椒、結び昆布などを入れて、雑煮に先駆けて飲むのがならわし。

《季節の言葉》

【初明《はつあか》り】

元旦の、ほのぼのと差してくる、日の出前の光のこと。

に及びませんで。

「なにごとも、臨機応変が肝要です」

——ところで、海岸近くに群生することが多い理由は？

「球根が海から流れ着いた、という説もございますので」

——へぇ。

「越前には、とある娘の化身だとする伝説もございます」

平安の末頃、越前・越廼村《こしのむら》の海岸で、波間からひとりの美しい娘が救出された。やがて娘を助けた兄弟の間で娘をめぐる諍《いさか》いが起こり、決闘することにあいなった。それに苦しんだ娘は、喧嘩を止めるため自ら海に身を投げたという。翌春、海岸に見たことのない美しい花が流れ着き、それをかの娘の化身と思った村人が丘に植えたというのが、越前海岸に群生するスイセンにまつわる伝説だ。

「わたしのために争わないでください、と。その気持ち、分かります」

——昔、そんなような曲もあったけど。ところであなたは越前産のスイセンですが、まさかその娘の化身では？

「それはご想像にお任せします」

かくしてこの可憐な花は、今年も甘い香りを漂わせ、人々を魅了する。


ヒガンバナ科。地中海沿岸地方原産の多年草で園芸種も多い。ニホンズイセンは日本国内に古くから野生化し、観賞用にも栽培される。花弁中央にある、杯状の副花冠《ふくかかん》は種によって色や形が異なる。

新年の、初がつく言葉をほかにも拾えば、元日の空は「初御空《はつみそら》」。新年に若水で手や顔を洗うことを「初《はつ》手水《ちょうず》」、初めてご飯を炊くことは「初炊《はつかし》ぎ」。初めて髪を結うことを「初髪《はつかみ》」と言い、初めてする化粧を指して「初鏡《はつかがみ》」。新年初の参詣は、言わずと知れた「初《はつ》詣《もうで》」。


〈名句鑑賞〉

引く波に寄せ来る波に初明り（鈴木真砂女《まさじょ》）

《時候の挨拶用語》
【御降《おさがり》】
元日または正月三が日に降る、雨や雪のこと。
〈例〉
御降に、豊年の兆しを見た思いの新年です。

小寒《しょうかん》

寒さが極まる前という意味。
新暦では一月六日頃からの約十五日間にあたる。
ここが「寒の入り」となり、立春の「寒の明け」までの
およそひと月が「寒の内」と呼ばれる。
寒中見舞いを送り交わすのは、この間に。

この時季を、七十二候で表すと――

《第六十七候》
芹乃栄《せりすなわちさかう》　一月六日〜九日頃
春の七草のひとつ、セリがすくすくと育つ頃。

《第六十八候》
水泉動《しみずあたたかをふくむ》　一月十日〜十四日頃
地中に陽気が生じ、凍っていた泉が動き出す頃。

《第六十九候》
雉始雊《きじはじめてなく》　一月十五日〜十九日頃
オスのキジが求愛の声を上げ始める頃。

この時季の花
カトレア

《節句》
【人日《じんじつ》】
一月七日は、人日の節句。古代中国の占いで「一日は鶏、二日は狗《いぬ》、三日は猪、四日は羊、五日は牛、六日は馬、七日は人」とされたことに由来する。
この日の朝のならわしは、無病息災を祈って「七草粥」を食べること。古くは、六日に春の七草を刻んで水に浸しておき、翌朝、粥を作る前にその水で濡らした爪を切ると、一年の邪気が除けるといわれたそう。この風習を「七草爪《ななくさづめ》」という。

《季節の行事》
【十日戎《とおかえびす》】
福の神として商人の信仰が篤い、えびす様を祭る神社の祭礼。一月九日の宵戎《よいえびす》、十日の本戎《ほんえびす》、十一日の残り戎(残り福)の三日にわたって祭りが行われ、縁起物の福笹が売られる。

見くだす女。

正月の松の内も過ぎる頃。人々が七草粥をする中、野山ではキジに恋する季節が訪れて、ひときわ高い鳴き声がする。そんな季節に、艶やかに咲き誇るのはカトレアだ。

「もし、そこのあなた。あたしのこの咲きっぷり、いかがかしら」

——お見事です。

「洋ランの女王と呼ばれる、あたしならではの美貌じゃないかと思うのよ」

——なるほど、洋ランの女王か。どうりで口調も権高《けんだか》になるわけだ。

「お気に召さなくて？　あいにくあたし、見くだす態度は生まれつきなの」

——見くだす態度が生まれつき？

「原産地では、よその木の上に根を張って芽吹くから。これを俗に着生《ちゃくせい》と言いますが、あたしがなぜそんなことをするか、あなたお分かり？」

——地上より、日を浴びられるから？

「ご賢察。そして樹幹を伝う雨水を、根で吸い上げるという寸法よ」

——なるほど。でも地面に根を張る方が、水は調達しやすいのでは？

「あら、そこが工夫のしどころじゃない。得られる水が少ないなら、蒸散《じょうさん》を防いでみせる。それが知恵者の考えよ」

——蒸散？

「水分が水蒸気になって、葉や茎から出てしまうこと」

——それを防ぐ方法がある、と？

「水蒸気の出口をふさげばいいのよ」

カトレアは少ない水分を効率よく使うため、多くの植物とは反対に、日中に水

兵庫の西宮神社や大阪の今宮戎神社の「えべっさん」はことに有名で、後者では「商売繁盛、笹持って来い」という呼び込みの中、鯛や小判をかたどった吉兆（小宝）を買い求め、笹につけるのがならわし。

【鏡開き】

一月十一日は、鏡開き（別の日に行う地域も）。年神様に供えた鏡餅を、お下がりとしていただく。刃物で切ることを忌み、木槌などで割って、雑煮や善哉《ぜんざい》などにして食べる。

善哉は、読み下せば「よきかな」。そう思えば、福々しさも増すというもの。

《季節の言葉》

【去年今年《こぞことし》】

年が改まったことを指して言う季語。

なお、去年を表す季語には「旧年」のほか、「去歳《きょさい》」「旧冬《きゅうとう》」「旧臘《きゅうろう》」（旧暦十二

蒸気の出口となる気孔《きこう》をふさぐ。そして気温の下がる夜間に開くことにより、巧みに蒸散を防ぐという。気孔には、光合成に必要な二酸化炭素を取り込む役目もあるが、それも夜間に行い、体内に貯め置いた二酸化炭素と昼の光で光合成するという。

——つまり、夜に重きを置いた暮らしにしている、と？

「妙案でしょう？　経済が逼迫《ひっぱく》すれば、あたしなんだってやってみせる」

——女王なのに？

「よそと同じことをしていたら、小粒のままで終わるのよ」

——さすがは女王。発想が違う。

「頭というのは、やわらかく使うものではなくて？　当意即妙という言葉もあるでしょう。あたし、パンがなければ、ケーキを食べればいいと思うのよ」

——おっ、マリー・アントワネット？

でもそれは、経済が逼迫していない人の言う台詞では？

「一度、言ってみたかったのよ。あたし女王よ、それくらい言わせてよ」

難局を、奇策で乗り切る美貌の女。月冴える冬の夜も、その経済施策におさおさ抜かりはないことだろう。

ラン科。中南米原産の着生ラン。野生では木にへばりつき、風に吹かれて生えている。細かい種子が風に乗り、樹上で芽吹く。日本には明治期に導入され、当時は「ひので蘭」と呼ばれた。

月の異名が臘月《ろうげつ》のため）、「初昔《はつむかし》」などがある。

〈名句鑑賞〉

去年今年貫く棒の如きもの（高浜虚子）

《時候の挨拶用語》

【松の内】

松飾りをつけている期間のこと。関東は一月七日、関西は十五日が多く、地域によっても異なる。

〈例〉

松の内の賑わいも過ぎ、平常の日々が戻ってまいりました。

大寒《だいかん》

寒さが最も厳しくなる頃。
一方、日脚は徐々に伸び始め、
春の訪れが遠くないことを感じさせる。
新暦では一月二十日頃からの約十五日間にあたる。
立春から始まった二十四節気も、これをもって一巡となる。

この時季を、七十二候で表すと——

《第七十候》
款冬華《ふきのはなさく》　一月二十日～二十四日頃
フキの根茎からフキノトウ（花茎）が顔を出す頃。

《第七十一候》
水沢腹堅《さわみずこおりつめる》　一月二十五日～二十九日頃
沢の水に厚く氷が張る頃。

《第七十二候》
雞始乳《にわとりはじめてとやにつく》　一月三十日～二月三日頃
春の訪れを感じたニワトリが、卵を産み始める頃。

この時季の花

ウメ

《雑節》
【節分《せつぶん》】

節分は季節の移り変わる時のことで、立春・立夏・立秋・立冬の前日を指す。つまり、もとは年に四度あったが、しだいに旧暦で新年の始まりと重なることの多い、立春の前日（新暦の二月三日頃）を指すようになったという。

この日に行われる豆まきの風習は、かつて大晦日に宮中で行った「追儺《ついな》」の儀式が起源とされる。追儺とは、儺《な》＝疫鬼《えきき》を駆逐する儀式で、殿上人《てんじょうびと》が鬼に扮した舎人《とねり》を追い回したもの。この時、追う側は桃の枝の弓を持ち、鬼役を葦《あし》の矢で射ったそう。

豆が用いられるようになった理由は、一説では「魔《ま》を滅《め》する」の音感にあるともいわれ、室町時代には豆まきが行われている。

豆まきの豆は、芽が出る

選《よ》り好む女。

人々が雪見に興じる一方で、野山ではフキノトウが顔を出す大寒の頃。この時季、咲くこと百花に先駆けて、馥郁《ふくいく》たる香りを漂わせるのは、ウメの花だ。春告《はるつげ》草《ぐさ》の異名の通り、冬を見送り、春を出迎えるように咲く花である。

「新しい年が動き始めて、気分も新たなこの季節。さぁ、今年もあたしの出番がやってきたのね」

――寒気の中に、新春を寿《ことほ》ぐようなこの香り。背筋が伸びる思いがするな。

「あら、あなたその意気よ。年初ですもの、俄然《がぜん》張り切っていいただきたいわ」

――あなたのごとく？

「あたしのごとく」

――しかしウメというのは、割と長い間、花が見られるような気が。

「ご賢察。冬至の頃を皮切りに、春分の時分までご照覧《しょうらん》いただけます」

――あ、やっぱりそうなのか。

「なんせあたくし、親戚が多うございましょう？　花を愛でられる花ウメに、実のなる実ウメ。花の時季もそれぞれで」

――多品種だから、開花期にも幅がある、と。

「ちなみに実が熟すのは、おおむね梅雨の頃ですわ」

――なるほど。ウメの実が熟す頃に降る雨だから、梅雨と書くのか。

「そんな説もございますわね。でも、その実がなるまでが、苦労でしてね」

――ほう、ご苦労が。

「あたし、ひとりじゃ実ができにくい質《たち》だから」

と縁起が悪いとされ、炒り豆を用いるのがならわし。また、ヒイラギの枝に焼いた鰯《いわし》の頭を刺し、戸口に掲げて魔除けにする風習もある。これは「焼嗅《やいかがし》」と呼ばれ、鬼は痛さと臭さに恐れをなして、逃げ帰るという寸法だ。

《季節の行事》
【初天神《はつてんじん》】

一月二十五日は、菅原道真を祭る天満宮の新年最初の縁日である、初天神。各地の天神社はこの日、小鳥の鷽《うそ》をかたどった木製の鳥を、参詣人同士や神官に取り替えてもらう「鷽替《うそかえ》の神事」で賑わう。これは「悪しきを嘘にして、吉に取り（鳥）替える」ならわし。

落語の『初天神』は、この日の出店で子供が小狡《こずる》くおねだりをする噺。今年も各社で、同様の光景が見られるか。

ウメは同一品種の花粉では結実しにくい、自家不結実性《じかふけつじつせい》という性質を持つ。そのため、実をつけるには、同時期に開花して、花粉も多い他品種のウメが近くにあることが大切なのだ。さらに、組み合わせによっては、異なる品種同士でも受粉しない、交配不親和性《こうはいふしんわせい》が見られることもあるという。

――それは、なかなかに気難しい。

「ですけどあたくし、嫌な相手と添いたくなくて」

――それでは、農家が困るじゃないか。

「だけどあなただって、なんだか虫の好かない人、いるでしょう？」

――それは、まぁ。

「だったらあたしが多少、選り好みしたっていいじゃない。あたしに合うお相手を、近くに植えてちょうだいな。それともあなた、あたしの実が欲しくはないとおっしゃるの？」

――それはまぁ、欲しいけど。

「だったら、お願い。あたくし、気の合う夫《ハズ》に添ってこそ、立派な実をつけるんでございますのよ。おほほほほ」

初春に手折《たお》って活けても福々しい、その女。だがその実を賞味するには、それなりの手間も求める。

バラ科。中国原産の落葉高木。花は前年の葉腋に生じ、色は白、紅色、淡紅色など。一重咲き、八重咲き、枝垂れ性のものもある。中国では君子の花とも称される。花は家紋のモチーフとしても用いられる。

《季節の言葉》

【雪見《ゆきみ》】

雪景色を眺めて楽しむことを指す季語。

雪を表す季語も多様で、六角形の結晶を見て「六花《むつのはな》」。米粒状の小さな雪は「小米雪《こごめゆき》」。激しい吹雪は「雪しまき」。枝からずり落ちるのは「しずり雪」、布団でくるんだような積雪は「衾雪《ふすまゆき》」、雪模様の暗い空は「雪暗《ゆきぐれ》」となる。

〈名句鑑賞〉

いざさらば雪見にころぶ所迄（芭蕉）

《時候の挨拶用語》

【膨雀《ふくらすずめ》】

羽毛に空気を含んで膨らませ、寒さをしのぐ雀の様子を指して言う。

〈例〉

膨雀のように着ぶくれている、この頃です。

索引

おわりに

本書は、前著『ボタニカ問答帖』(二〇一一)の刊行後、『季のしづく』『アンドプレミアム』の二誌で連載した続編を加筆修正、書き下ろしを加えたものです。

また、前著は『ハーパース・バザー』誌での連載(二〇〇〇〜〇一)をもとに編んだものです。途中、長く休眠しつつも、細々と企画を続けてこられたのは、各誌で携わってくださった皆さんのおかげです。保田園佳さん、田畑裕美さん、土本真紀さん、芝崎信明さん、三宅和歌子さんにこの場を借りて、改めてお礼を申し上げます。

書籍化にあたっては、前著に続いて村瀬彩子さんに骨身を惜しまぬご尽力をいただきました。そして、画家でもある角田純さんには、再び美しいデザインをしていただきました。角田さんには企画を最初から見守っていただいた上、今回、素晴らしい絵もご提供いただきました。お二人に心から感謝します。ありがとうございます。

そして最初の連載から十八年、伴走し続けてくれた悪友・齋藤圭吾に深い感謝を。

二〇一八年一月　瀬尾英男

主な参考文献

『大自然のふしぎ 植物の生態図鑑』（学研）
『植物のふしぎ』小林正明監修（ポプラ社）
『植物のこころ』塚谷裕一（岩波新書）
『ふしぎの植物学』田中 修（中公新書）
『ほんとの植物観察1』『ほんとの植物観察2』
室井 綽、清水美重子（地人書館）
『ガーデニング植物誌』大場秀章（八坂書房）
『いけばな植物事典』小原豊雲、瀬川弥太郎（小原流文化事業部）
『NHK 趣味の園芸 作業12か月 チューリップ』
国重正昭（日本放送出版協会）
『NHK 趣味の園芸 よくわかる栽培12か月 ツツジ、アザレア』
国重正昭（日本放送出版協会）
『NHK 趣味の園芸 よくわかる栽培12か月 アジサイ』
川原田邦彦（日本放送出版協会）
『NHK 趣味の園芸 よくわかる栽培12か月 カトレア／ミニカトレア』江尻宗一（日本放送出版協会）
『NHK 趣味の園芸 よくわかる栽培12か月 ウメ』
大坪孝之（日本放送出版協会）
『NHK 趣味の園芸 よくわかる栽培12か月 サクラ改訂版』
船越亮二（NHK 出版）
『さくら百科』永田 洋、浅田信行、石川晶生、中村輝子（丸善）
『朝に咲く花・夕に咲く花』南光重毅（誠文堂新光社）
『キク大事典』農文協編（農山漁村文化協会）
『ヒマワリ観察ブック』小田英智、松山史郎（偕成社）
『あっ咲いた！ 洋ラン コツのコツ』岡田 弘（農山漁村文化協会）
『カラー版 新日本大歳時記（春・夏・秋・冬・新年）』飯田龍太、稲畑汀子、金子兜太、沢木欣一監修（講談社）
『年中行事大辞典』
加藤友康、高埜利彦、長沢利明、山田邦明編（吉川弘文館）
『三省堂年中行事事典』田中宣一、宮田 登編（三省堂）
『年中行事を「科学」する』永田 久（日本経済新聞社）
『年中行事図説』柳田邦男監修・民俗学研究所編（岩崎美術社）
『歳時習俗事典』宮本常一（八坂書房）
『江戸・東京 下町の歳時記』荒井 修（集英社新書）
『日本説話伝説大事典』志村有弘、諏訪春雄編著（勉誠出版）
『近世風俗志（守貞謾稿／1～5）』喜田川守貞（岩波文庫）
『絵本江戸風俗往来』菊池貴一郎（平凡社）
『暦の百科事典 2000年版』暦の会編（本の友社）
『実見 江戸の暮らし』石川英輔（講談社文庫）
『江戸あじわい図譜』高橋幹夫（ちくま文庫）
『卓上日めくりカレンダー 大江戸味ごよみ 2018』
飯野亮一監修（筑摩書房）
『完本 大江戸料理帖』福田 浩、松藤庄平（新潮社）
『美しい日本の季語』金子兜太監修（誠文堂新光社）
『季語辞典』大後美保編（東京堂出版）
『大切な人へ贈る 手紙にそえる季節の言葉 365日』
山下景子（朝日新聞出版）
『広辞苑 第四版』新村 出編（岩波書店）
『ブリタニカ国際大百科事典』
フランク・B・ギブニー編（ティビーエス・ブリタニカ）

瀬尾英男｜Hideo Seo
編集者／ライター。一九七一年生まれ。
出版社勤務を経てフリーランス。
著書に『ボタニカ問答帖』（京阪神エルマガジン社）。

齋藤圭吾｜Keigo Saito
写真家。一九七一年生まれ。
雑誌や書籍、広告など様々なメディアで活動。主な仕事に『針と溝』（本の雑誌社）、『ボタニカ問答帖』（京阪神エルマガジン社）、立花文穂デザイン・製本による写真集『melt saito keigo』（立花文穂プロ・）など。

花暦《はなごよみ》 INTERVIEW WITH PLANTS

二〇一八年二月一日　初版発行

著者　瀬尾英男
写真　齋藤圭吾
デザイン・扉絵（Black Plants, 1987）角田純
編集　村瀬彩子
カバー図譜　潤甫『画菊』より（国立国会図書館蔵）
発行人　今出央
発行所　株式会社京阪神エルマガジン社
〒五五〇－八五七五
大阪市西区江戸堀一－十〇－八
編集　〇六－六四四六－七七一九
販売　〇六－六四四六－七七一八
www.Lmagazine.jp
印刷・製本　株式会社シナノパブリッシングプレス
ISBN978-4-87435-562-6　C0095